U0295419

万景路 —— 著

制服力

上海交通大学出版社
SHANGHAI JIAO TONG UNIVERSITY PRESS

内容提要

本书讲述日本制服的历史，制服从出现、发展，到演变至今天的无处不见，可以说，制服已经成为日本人工作生活中必不可少的一部分。

广义上讲，从日本古代武士的甲胄到现代军服、各行各业的工作服、学生服、幼儿园服，甚至西装都可视作制服一类。这些制服让日本人从"被穿"到认可、习惯，再到由穿制服而萌生出了群体意识、企业精神，由制服衍生出来的女学生的水手校服，还成为当下盛行的"卡哇伊"文化的一个重要标志。日本的制服已经形成了一种制服文化。那么，制服是如何出现、发展的？对日本人的生活、性格带来了怎样的影响？这些影响最终是如何形成积极因素的？给群体、企业乃至国家带来了怎样的助力？在制服的不断进化变革中，日本政府、企业又是如何重视并引导制服文化发展的？本书将全面为读者剖析、解答这些问题。

图书在版编目 (CIP) 数据

制服力 / 万景路著 . —上海：上海交通大学出版
社，2019
（悦读日本）
ISBN 978-7-313-21250-4

Ⅰ. ①制… Ⅱ. ①万… Ⅲ. ①制服－历史－研究－日
本 Ⅳ. ①TS941-093.13

中国版本图书馆 CIP 数据核字（2019）第 080384 号

制服力

著　者：万景路			
出版发行：上海交通大学出版社	地　址：上海市番禺路951号		
邮政编码：200030	电　话：021-64071208		
印　制：苏州市越洋印刷有限公司	经　销：全国新华书店		
开　本：880mm×1230mm　1/32	印　张：7.5		
字　数：153千字			
版　次：2019年7月第1版	印　次：2019年7月第1次印刷		
书　号：ISBN 978-7-313-21250-4/TS			
定　价：58.00元			

前　言

　　说起日本制服的历史，一般资料首先给出的就是日本学生的制服。日本学生开始穿制服是在明治六年左右，也就是公元1872年至1873年之间。当时工部省工学寮（后来与东京大学合并）和札幌农学校（北海道大学的前身）率先采用了西洋服式的制服。明治十九年（1886年），根据文部省的文件精神，日本高等师范学校制定了制服制度。明治二十二年（1889年），服装制作公司村田堂正式开始制作和销售学生服。因此，这家公司也把1889年定为其创业元年。

　　由上述资料看来，日本真正意义上采用制服的历史并不是很长，但制服从出现、发展，演变至今天无处不见，已经成了日本人工作生活中不可缺少的一部分。

　　其实，广义上讲，从日本远古时期的贯头衣（套头衣）到后来颇为统一的皇室服饰、大臣装，再到武士的甲胄以至现代的军服、各行各业的工作服、学生服、幼儿园服，甚至西装都可被视作制服一类。这些制服让日本人从"不习惯穿"到认可、习惯，再到由穿制服而萌生出群体意识、团队精神，以及出现制服的各种衍生产品等。而女学生的水手校服，还成为当下盛行的"卡哇伊"文化的一个重要标志。可以明确地说，日本的制服已经形成了一种文化，而且这种制服文化还是一把双刃剑，在制约着日本人思维、行为的同时，也因其产生的群体意识和凝聚力等因素，为个人、企业乃至国家带来了无可替代的正能量。

　　说起中国传统意义上的制服，则更为源远流长。古代阴阳家把金、木、水、火、土五行看成五德，认为历代王朝各代表一德，按照五行相生相克的顺序，交互更替，周而复始。以此为依据，据文字记载说：黄帝时是土气胜，尚黄色，故服装及服饰用黄色；夏朝是占木德而成天下，尚青色，故服装及服饰用青色；商朝是占金德而得天下，尚白色，故服装及服饰用白色；周朝是占火德而得天下，尚红色，故服饰用红色；而秦始皇因尚水德而得天下，而五色里配合水德的颜色是黑色，因此秦朝崇尚黑色，服饰、旗帜及用品均为黑色。事实上，将崇尚某种颜色列为一朝典制是从秦朝开始的，在此之前并不存在与"商崇白""秦尚黑"类同的制度，但商朝人普遍穿白服，秦朝人大体着黑服，确是有文字记载的。而接下来的汉晋隋唐、宋元明清各个朝代，无论是帝王将相，还是官吏士卒、文人学士，乃至庶民百姓等，都已渐渐形成了各具特色的统一或近似于统一的服饰。其中，尤其是汉唐服饰还对日本的皇室、贵族及各级官吏直至庶民等的服饰产生了巨大的影响，日本"官僚制服制度"的"冠位十二阶"制度就是最好的说明。可以说直到今天，在日本皇家专用的典礼、仪式上穿着的和式装束及日本传统服装"着物"（即和服，也称吴服）等服饰上还能看出中国古代服装元素的深远影响。

到了现代，从干部的中山装，军人、警察的军装和警服再到工人工作服及各行各业的专有制服来看，标准化制服已成为规范化管理的重要组成部分。改革开放以后，国人服饰色彩也逐渐鲜艳起来，随着国门的打开，国人在见识到了什么才是当代服饰美的同时，也开始迫不及待地想要把这种美包裹在自己身上。国外服装品牌看好中国市场，也把他们的服饰理念和服装一起出口到了中国。而且，随着外企进入中国市场，外企统一整齐的员工制服也影响着正试图提升企业形象、凝聚团队精神的中国企业经营者们。在这种利好的大环境下，我国各行各业的制服开始发生天翻地覆的变化，逐渐形成了我们自己的现代制服文化。制服的运用还可与企业形象、CI 统一色、统一标识、形象广告语相结合，真正做到一衣百用，通过制服展现企业的精神风貌与经营理念。

在制服方面，旅日多年的我无疑感触颇深，也一直觉得我们需要更多地了解、借鉴日本制服方面的一些风格、理念等。那么，日本制服是如何出现、发展的？时至今天，那些特色鲜明、蕴含丰富智慧的制服又是怎样构思、设计出来的？制服具体对日本人的生活、习俗带来了怎样的影响？这些影响最终是如何形成积极因素的？它给群体、企业及至国家又带来了怎样的推动力？在制服的不断变革中，日本政府、企业又是如何重视并引导制服文化发展的？制服与诸如情色文化、卡哇伊文化又有着怎样纠缠不清的关系？本书通过大量的历史资料、实例举证，试图厘清日本制服的前世今生和现实作用，为读者全面剖析、阐述日本制服的发展变化、历史功用，指出其值得我们借鉴之处。

目　录

CHAPTER

01
第一章

制服的往事

一、制服的定义、意义和功能

日本人对制服的定义是：制服是企业、学校或军队、警察等集体和组织的领导者为了一定的目的所规定穿着的统一服装。而这个"一定的目的"是指为了区别组织内部和外部的人，明确组织内部的序列、职能、所属等。穿着制服的意义则在于增强个人的集体归属感，而作为制服提供方则期待通过制服来增强作为组织内个体的自尊心，从而提高他们的组织纪律性和对组织的忠诚度。记得笔者的日本朋友曾聊起他大学毕业的第一份工作之所以选择宾馆的原因，朋友说："看到酒店工作人员漂亮的制服才动了要去酒店工作的心思。"在电视节目和生活中也经常可以看到日本的女孩们因某某公司的工作服可爱而选择去这些公司就职的场面。因此，似乎也可以说，提供漂亮、可爱的制服给员工穿着，从而让处于求职期的年轻人十分憧憬，进而产生进入这样的组织、去这样的公司就职的愿望，也是制服提供方引进人才的方法之一。

当然，制服的功能性也很重要，与职种相匹配的制服对提高工作效率无疑起着很大的作用。比如，工厂作业服就需要简洁耐用；军人的制服就需要有清楚区分军阶等的实用性；销售业务人员笔挺的西服套装或庄重的女士套裙则是必不可少的行头；而在服务行业，给客人以明确、亲切感的暖色调制服虽为主调，但在日本，"卡哇伊"色调的服饰则更是服务业不可或缺的装备。不过，制服与职业不太搭边的例子也有，比如，铁路工作人员和巴士司机的从大盖帽儿武装到黑皮鞋的制服。日本现在主要的铁路公司和公路交通公司均为私营，而且公司众多，因此，制服颜色不统一，黑、黄、蓝、灰色等都有。不过，颜色虽然不统一，样式却几乎一致，都是类似警察的服装。而过去一般只有黑、蓝和灰三种颜色，那就更像警服了。

二、制服的历史沿革

1. 原始服饰时期

上述制服的定义无疑都是对现代意义上的制服所做的定义，以及对制服意义、功能等的说明。说起制服，一般都认为它是出现于近代，形成于现代，完善于当代。但这明显忽略了古代甚至远古时代那些表象上也是统一的先民的服饰。日本制服史研究专家、书志学家太田临一郎对日本制服的研究就是从古代开始，而《日本服装史》更是从兽皮时代开始说起。

日本服饰研究专家们说，据考古发现，在5万年前日本列岛上就有了原住民，他们认为那应该就是日本人的祖先了，而且他们还根据当时列岛的气候断言，那些原住民在当时一定是有衣服穿的，估计是"兽皮"。兽皮一穿数万年，但那毕竟不是衣服，因此，日本人还是不得不承认日本真正的服装史实际上是从有了编织物的绳文时代开始的，也就是说，日本人穿衣服的历史距今应该有一万几千年了。

从出现编织物开始，到现代为止，日本人把他们的服装史大致分为7个时期。第一个时期为原始服饰时期，具体年限为从绳文时代（距今12000年左右—公元前3世纪）到弥生时代（公元前3世纪—公元3世纪前后）的1万年左右。绳文初期到中期还只是把草、树皮等编织成衣裙，而据说到了绳文末期，当时的绳文人就已经有能力把麻、楮、草皮及树皮等的纤维抽出织布做衣了。到了弥生时代，由大陆传来了养蚕技术，因此，当时的部落酋长等上层人已经穿上了由蚕丝织就的绢制衣物。这就是从弥生时代开始穿着的"贯头衣"了。日本学者猪熊兼繁在《古代的服饰》中指出："所谓贯头衣，就是在一幅布的正中央剪出一条直缝，将头从这条缝里套过去，然后再将两腋下缝合起来的衣服。"也有资料说，最早的和服是在布上挖一个洞，从头上套下去，然后用带子系住两腋下的布料，再配上类似围裙的下装而成。据说这还是古时女性比较讲究的穿法，男性只能穿一种称作"横幅"的麻布片，实际上就是把一块麻布斜裹在身上而已。可以想象得到，在那时不可能有什么鲜艳的彩色服饰存在，基本上男女都是统一的单色调服饰，区别只在于男横裹、女贯头罢了。

2. 胡服时期

第二个时期为"胡服"时期，即从古坟时代（公元300—600年）开始到白凤时代（645—710年）前期为止。在这一时期，以天皇为中心的日本中央集权国家诞生，佛教也已传入。

可以说，这一时期是日本政治、社会以及文化变革最显著的时期。从服饰来看，日本迎来了服饰大发展时期，中国北部游牧民族的窄形上衣和裈（裤子）及裳（裙子）等服装也经由朝鲜半岛传入日本，成为当时日本上层人士日常穿着的服饰。之所以说这一时期日本的服装有大发展，是因为相比于贯头衣时期，日本男子不仅穿上了倭文布制的衣服，有了"胸钮"（类似于旗袍的盘扣），而且还穿上了"袴"（裤）、皮履（皮鞋）。据《古事记》记载，讲究的人还戴上了手环、手珠等。日本人称这类衣服为胡服，胡服是骑马民族的服饰，穿着这种衣服骑着马跑得快，不仅跑到了中国、朝鲜、日本，还跑到了欧洲。而现代欧洲人经过考证，认为今天欧洲人的衣服起源也是这种胡服。

那么，那时的倭女们穿什么呢？根据《古事记》和《日

古坟时期衣装

本书纪》的内容以及古坟遗物"埴轮"（指古坟周遭围着的中空的黏土塑像，这些殉葬用的土制筒状人偶被称为"埴轮"）的对照，日本人还原了当时女子的服饰。以日本历史神话中的第一代脱衣舞神天宇受卖命为例，她的衣着有衣有"裳"（指裙子），肩披"领巾"（披肩），还有斜跨肩上的窄布条，腰系倭文布的带子，脖挂颈珠，腕带手珠，一头瀑布般的长长直发上，戴着冬青卫矛制作的遮阳头环，手持一枝青葱竹叶。日本人从《古事记》的记载中还还原出当时巫女的样子，她们一般穿着带有胸钮的上衣，也穿"裳"（裙子），腰间围着带倭文布腰带，不同于天宇受卖命的是巫女把那条窄窄的带子斜挎整个上半身，而且带子很宽，日本人考证，其起源就是弥生时期的"横幅"。巫女不仅戴颈珠，还戴"耳轮"（耳环）。综合一下舞神和巫女的服饰，我们大体上也就能想象出当时一般日本女子的装扮，整体上来讲也都差不多，同样给人一种不是制服的统一服装之感。

日本人挖古坟，从古坟里还挖出了当时武士用的"短甲"（只有上半身的盔甲），日本古时称这种短甲为"伽和罗"（音近"卡瓦拉"，指"瓦"。在梵语中有保护房屋的意思），它是由铁片、组钮以皮革连接起来用以保护上半身的瓦状护甲。这种护甲看似简单，却是"麻雀虽小，五脏俱全"，头盔、颈铠、肩铠、龙手等一应俱全。再配以大刀、短刀、弓箭及护手，一位英武的日本武士形象就跃跃欲出了。同样，武士们的装束基本上也是一样的，我们又有何理由说这不是军队制服的雏形呢？

古坟时代末期，佛教也已从中国经由朝鲜半岛传入日本。

天宇受卖命

不管今天日本的佛门弟子如何"妻带肉食"（娶妻吃肉），饮酒作乐，但那时的佛门弟子的信仰还是很虔诚的。当然，佛门弟子的服饰也是统一的和尚服了。这在某种意义上也可以说成和尚制服了吧。

总之，整个古坟时期，一直到白凤时代前期为止，可以说是日本服饰走向灿烂、走向规范化的一个重要时期。

3. 唐风化时期

这一时期具体指的是从白凤时代后期到平安时代前期的大约200年左右的时间，中间包括奈良时代（710—794年）。公元630年（舒明天皇二年），天皇向大唐派出了第一批遣唐使，学习唐朝的律令制度、宗教文化等，当然，遣唐期间，使者们不可避免地接触到了大唐的服饰，艳羡之余禁不住仿效起来，并把此风带回了日本。于是，舒明天皇派出的遣唐使在学习了大唐的服饰后，开始推动日本服饰的唐风化。不过，这在舒明天皇时期还属小打小闹的范围，真正推动日本服饰全面唐风化的应该是天武天皇（631？—686年）。《日本书纪》记载，在天武天皇五年（676年），天皇就赐给皇子及一定级别的大夫们唐风衣、袴等。而到了天武十一年（682年），以位冠区分品级的制度正式停止，相承80年的"冠位十二阶"制度被全面废止了，实现了从发型到服饰的全面唐风化。天武十四年（685

天皇唐风装

年），还制定了新的爵位制，与其相配套，官员的"朝服"（制服）颜色也相应地重新制定。值得一提的是，据《日本服饰史》记载，这次定朝服颜色，皇族服饰使用的"朱花"（朱红色）和朝臣使用的"蒲萄"（日本"葡萄"的古写法，指紫色）都非唐制，而是属于日本独有的公服（公家制服）颜色。也就是说，在天武朝，日本已经有了服饰国风化的趋势。718年（养老二年），《养老律令·衣服令》颁布，全面制定了皇族及诸臣的礼服、朝服和制服，具体到牙笏等配饰，基本上都是仿唐风。如果能看到那时候的日本天皇早朝，估计也就是大唐太极宫的缩影。皇族和朝臣都穿唐装了，天皇更得穿不一般的天皇唐装。于是，据《续日本纪》记载，天平四年（732年），当时的圣武天皇正月在"大极殿"接受群臣朝贺时第一次穿上了"冕服"，这件"冕服"乃学自大唐的"衮冕十二章"。皇上有了新衣，而且是很威风的新衣，自此代代相传，各代天皇爱不释"身"，这一穿就穿到了江户末期。而到了奈良中期，更是不得了，不只衣服，连发型到鞋子都完全唐化，平安京则是大唐都城长安的缩小版，如果那时来到日本都城平安京，相信就像是走进了长安城。日本人说，在当时的京城，不仅建筑是唐风，就连街上的行人也都穿着当时的大唐装，只是普通庶民没有什么绢布制衣，而是根据养老时期的《杂令》，全国庶民一片"麻"（麻衣）而已，看上去就也有那么点制服的意思了。

4. 国风化时期

公元894年（宽平六年），宇多天皇在菅原道真的建议下废除了遣唐使制度，之后，从平安中期到平安后期，日本就一直致力于把唐风文化转化为日本国风文化，比如平假名、片假名就是那时创造出来的，包括皇家寝殿在内的日本建筑也都开始融入日本元素走向国风化。当然，衣服也不例外。这一时期，日本贵族男性一直穿着的是唐风束带。束带是自日本平安时代以后，天皇之下的"公家"（贵族、官员的统称）所穿的一种礼装。之后，在国风化的影响下，束带全部变肥加长，形成一种整体宽松的感觉，开始渐渐有别于唐装。当时的贵族女性，平时一般穿一种叫做"袿"的着物（和服的一种），可以只穿一件，也可以几件套起来穿，只穿一件时叫"小袿"，几件套起来穿时则称"重袿"。遇到需要穿仪礼装的时候，则在"袿"的外面再穿一件唐衣和裙装，当然是稍作改动了的所谓国风化的礼服。

5. 武家服装时期

这一时期包括镰仓、室町时代，共约400年时间（1192—1573年）。随着武家政权的诞生，成为政治中枢的武家贵族们在平安时代就一直穿下来的"狩衣"和"水干"成了武家的公服。狩衣本来是在打猎时所穿的运动服装，袖子跟衣服的本体没有完全缝合，就是为了方便运动。而且狩衣的着装方式也较其他的服装简单。狩衣到了镰仓时代，还成了祭典中神职人员穿着的服装。水干与狩衣同源，最早是平民的日常着装。与狩衣的式样不同，水干在前、后身的缝合、连接处，都以"菊缀"进行加固。另外，水干没有狩衣的颈扣，而是以细带接系领口。后来，水干

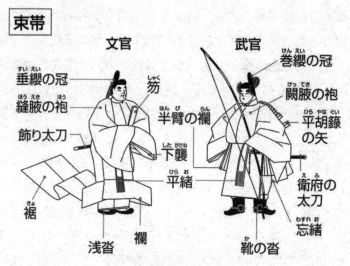

国风化文武官服

又逐渐成为武家及一部分公家的日常服装，再后来还成了礼服的一种。女性神职人员有时也穿着没有菊缀的水干。水干也是平安和镰仓时代的平民服装，不过，与贵族、武士不同的是，平民穿着的水干上，通常都会省略菊缀。后来，随着武家政权的巩固，一种称作"垂领"的直垂形式的衣服又成了武家的公服。这种公服没有袖子，是由"肩衣"（类似于中国古时候的披肩）和裤裙组成的，被誉为战国时期的"重宝"。到了江户时代，这套装饰就已经定型为一种相当讲究的"裃"（日语读音KAMISIMOかみしも，是一种上下身礼服）了。而可怜的"公家"因武家政权不重视他们，所以在武家政权漫长的执政时期内，他们还是一直穿着平安时代的官服，就像今天的银座大街突然跑出了堂吉诃德一般，看着滑稽又寒酸。

6. 庶民服饰时期

日本服饰研究部门把从织丰（织田信长和丰臣秀吉）时代开始到整个江户时代的大约300年（16世纪中—1868年）划为庶民服饰时期。这一时期武家的服饰出现了简素化倾向，即不再像平安时代那样穿好多层衣服，而是少掉了外面的几层，这样，本来穿在里层的"小袖"就变成外衣了。在武家的统治下，当时的部分町人（町人是日本江户时代对城市居民的一种称呼，主要包括商人，也有一部分人是工匠或手工业者）虽然在士农工商的身份制度下是最低的两级，但是凭着商业买卖以及独有

庶民服饰

的工作技能，他们的财力甚至比武士阶层的大名还要雄厚。有了钱就难免有点小任性，因此就出现了一些模仿武家打扮的町人，针对此，幕府也出台了种种禁令，但效果甚微。尤其是到了江户中期以后，不但禁令无效，甚至已经发展为由这些町人带领时装新潮流了。所谓的新潮流其实不过是把平安时代穿在里层的"小袖"直接当外衣穿罢了，当然也有一些小改动。"小袖"之说本产生于由公家掌权的平安时代，是指日本传统的衣装，也可看作是和服的前身，袖口宽大的称为"大袖"，袖口窄小的则称为"小袖"。大袖飘飘之下，就有点冷，因此，小袖是当时的贵族们穿在里层作为防寒服的。在江户中期的时候，基本上已是武家、庶民皆穿"小袖"了，而且还加入了各种不同的颜色和图案，使得这种新式和服外衣变得生动起来。据说当时的江户最时髦的穿着就是这种色彩美丽、图案鲜明的束带式和服了。这也可以算成是"小袖"和服发展的全盛时期吧。这种式样的和服，与今天的日本和服已经没有什么太大的区别了。可以说，从桃山时代、江户时代前期、江户时代中期再到江户时代后期，日本和服"小袖"经历了发展完善的整个过程。

7. 洋风化时期

洋风化时期是指从明治维新直到当代的这段时间，时间跨度大约150年。明治初期，受欧美文化冲击，在政府主导下，尤其是在以天皇为首的皇室服饰率先西洋化后，整个日本开始了急速的服饰洋风化。军人、警察、官吏陆续制定西洋式制服，可以说是从国家体制的中枢部开始推进服饰西洋化。接下来，国营、民营公司的职员也开始实施制服制度，不过这时公司职员只是上班时候穿洋服，回到家后还是喜欢换上宽大舒适的和服，享受居家的时光。这一时期也被现在的白领们誉为日本史上男人的"和洋二重生活时期"。有了第一次世界大战从军的经历，日本男人开始真正适应了洋服（军服），而到了第二次世界大战时期，不止军人，连普通日本国民也换上了所谓的"国民服"（准军服）。自此，穿洋服在日本人看来成了理所当然的事情。整个日本彻底接受了洋服。同时，当时

洋风化和服

流行的"鹿鸣馆文化"也使得日本女性开始接受洋服，而同样是因为二战，日本女性也穿上了由和服改制的筒袖（窄袖和服）与"灯笼裤"服。从此，日本女性也开始适应了这种洋服。战后，受占领国美国文化的影响，日本人无论男女都渐渐适应了以洋服为主的服装生活。到今天，可以说日本在表面上已经完全是一个西洋化的服饰社会了，甚至都"洋"过了欧美，以至让全世界在某些时装上都以日本为标准，向日本流行服装元素看齐。而传统和服或许只能作为日本传统文化的点缀而存在了。

三、皇室制服

虽然日本历史神话说神武天皇是日本的第一代天皇，但神话难免云山雾罩，明显不靠谱，所以这一说法日本人自己都不大信。靠谱的说法是，自白村江海战（公元663年）倭国和百济联军惨败于大唐和新罗联军后，当时倭国的中大兄皇子（即日本第38代天智天皇）感悟到若想强大就必须像大唐那样形成统一强大的国家，于是把拥有众多从属小国的倭国统合升格为日本，在即位时还开始使用比"王"更威风的"天皇"称呼。日本历史学家说，这种说法的根据是当时唐朝和新罗的文献记载。前些年，日本考古学家在大阪府南河内郡国分町的松冈山挖古坟时挖出了一块铜板，铜板上刻有"船首王后墓志铭"，其中首次发现使用了"天皇"二字，墓志铭的落款日期是公元668年，而日本第38代天智天皇正是在668年正月继位登基的。因此，日本史学家把天智天皇作为分界线，在之前的所谓天皇，都是"王"，而之后即位的，称皇，这也是在当时日本与大唐、新罗之间的外交文书中得以确认的。

那么，"王"和"天皇"又穿什么样的衣服呢？虽然从公元668年开始日本才有了名正言顺的天皇，但从远古时期的部落首领开始，首领的服饰就已经与部落民众有了区别。而到了弥生后期和古坟时期，已逐渐形成了有王族风范的王室服饰体系。但这一时期日本和当时的中国交流还不是很多，尤其是公元4世纪，在中国历史记载中，完全找不到这段时期有关日本的资料记录。所以，可以说弥生时代后期到古坟时代前期是日本受中华文化影响比较小的时期，当时的服饰还可以说是以倭风为主，比如弥生后期邪马台国女王卑弥呼的装扮，因其是巫女，所以，服饰上体现出来的更多的是前文所述的巫女形象。直至古坟末期的五倭王时代，因他们继承了卑弥呼遣使进贡汉魏的传统，向当时处

卑弥呼

于南北朝时期的刘宋等王朝求封，倭国才又被纳入了中国的视野，当时倭国人的服饰也得以被我们认识一二。

接下来，日本历史进入飞鸟时期。据《日本书纪》记载，推古天皇十一年（公元603年），以大德、小德，大仁、小仁，大礼、小礼，大信、小信，大义、小义，大智、小智十二阶为基础，制定了"冠位十二阶"制度，这也是日本历史上最初的"服制令"。大臣们根据自己的官阶穿相应的朝服上朝务公，这也可以说是日本历史上真正意义上的官服制度。但服制只是针对诸王、群臣的公服，却没有规定天皇穿什么。不过，毕竟是上朝，天皇得穿比较庄重的符合朝仪的圣服。据黑川真赖《御冠沿革考》一书介绍，大友皇子（天智天皇长子，后来的弘文

天皇）曾做了一个梦，梦见"朱衣老翁捧日而至，擎授皇子"。于是，藤原内大臣按照皇子的梦，以"天皇着红色礼衣，把绘有日像的礼冠授予皇子"为基础，充分发挥想象力，在天智天皇即位大典上给天皇穿上了朱衣礼服，本来就喜欢唐风的天皇也就欣然穿起。后来在源高明所著的关于日本天皇早期纪实的《西宫记》里，推定当时天智天皇即位时的冕冠冕服为"天皇服衮冕十二旒，赤大袖缝日月山形虎猿等形。同色小袖，褶缝钺形，白授玉佩二流冕冠御笏乌皮舄"。观其内容，其实就是仿唐服饰而已，只不过把大唐天子上朝时穿的衮衣改成了朱衣罢了。自此，日本天皇有了自己固定的上朝用制服，并经历代改革、增减，逐步完善，终至大成。但正如《服制的历史》中所记载的那样，至明治天皇之父孝明天皇即位大典为止，天皇所穿即位礼服，还是完全的"唐风"，只不过，这里的"唐风"已不是专指唐朝，而是指我国唐朝以后包括宋明在内的历朝历代之汉民族服饰风格，而且从国风化时期开始，还渐渐融入了日本古代服饰元素。

明治天皇时期，是日本天皇服饰的一个最显著的分水岭。明治天皇好洋风，在他的公服里，除了传统的和

洋风装明治天皇

式天皇服饰外，各种洋式常用服、礼服、大元帅服等也相继登场了，从此，日本天皇专用公服进入了和洋结合的时期。时至今日，天皇公服更是发展并细分为即位服、大尝祭服、新尝祭服、接待外宾用礼服和晚餐会服以及一年中各种仪式如接受外国使臣递交国书用服等。此外，皇后也拥有与天皇服装相搭配的适合各类场合的专用公服，相应地，皇太子、皇太子妃、诸皇子皇女及皇族成员，也都拥有自己专用的各种公事用服饰。这些专用服装，某种意义上也应算是制服了，而且还是皇家专用制服，事实上，在太田临一郎所著的《日本服制史》里，已经把皇家服饰视为制服的一种了。

四、古代贵族官服

从日本远古时代至古坟时代，关于日本文官武将的衣着很难找到真正意义上的历史资料。所以一般说起日本古代官服，大多从飞鸟时代的"冠位十二阶"说起。

《日本书纪》记载，推古天皇十一年（公元603年）制定了"冠位十二阶"制度，这也算是日本历史上最早的"服制令"了。大臣们根据自己的官阶穿相对应的各式朝服上朝务公，这也可以说是日本历史上真正意义的官服制度。在此之前，古坟时代的日本是不大重视官服的，官位的区别主要由头戴的"冠"来体现。比如说，藤原镰足最后被封为"大织冠"（最高冠位，也就是正一品），就是重冠不重服的最好证明，而且这个以"冠"定位的制度据说还是从偶尔来日本的百济使臣那儿模仿来的。

那么，这"冠位十二阶"由何而来呢？据《上宫圣德法王帝说》记载："少治田天皇御世乙丑年五月，圣德王与岛大臣共谋，建立佛法，更兴三宝，即准五行定爵也"。当时的圣德太子与权臣苏我马子一起商量，参照中国史书，以已经实行了冠服制的百济为模仿对象，定下了冠位十二阶制度。"冠位十二阶"采用中国的"仁礼信义智"五行之说，然后以大小"德"统全体，其具体内容是：以德、仁、礼、信、义、智各分大小，组成十二级官衔，并以紫、青、赤、黄、白、黑六种颜色各分浓淡的冠帽来区分官位的高低。

江户时代的国学者谷川士清在其著作《日本书纪通证》里具体是这样说明"冠位十二阶"的："内官有十二等，一曰大德、次小德；次大仁、次小仁；次大义、次小义；次大礼、次小礼；次大智、次小智；次大信、次小信……然德则统全体而言，故为首。仁礼信义智，以木火土金水为序，盖取诸鸿儒说也……"而与这冠位十二阶相应的代表官阶的公服颜色也定了下来，那就是"紫、青（即蓝）、红、黄、白、黑"六种颜色各分浓淡两色，来代表"德、仁、礼、信、义、智"。这样，日本飞鸟时期的公堂所见官服，就被"深紫、浅紫，深蓝、浅蓝，深红、浅红，深黄、浅黄，纯白、灰白，深黑、浅黑"这十二色所充斥。以此为基础，接下来又有了"冠位十三阶""冠位十九阶"直至"冠位二十六阶"，在冠位制度不断完善的同时，朝堂公服（制服）颜色也不断地充实、丰富起来。

到了奈良时期，日本走到了真正的律令制度时期，受大唐律令制度影响，日本也颁布了《衣服令》，这是完全模仿唐朝制度的服制令，而接下来于养老二年颁布的《养老令》，对礼服、朝服、制服也都有了明确的规定，至此，日本古代制服初具模型，彻底摆脱了部落装束，进入了服饰文化社会。

平安时期，日本在仿唐服的基础上渐渐开始融入自己的特色，比如藤原时代主要服饰颜色已经集中在"黑、绯（粉红色）、缥（淡蓝色）"三种颜色上，几乎已与今天的服色相同。不仅颜色，官服的样式也都开始融入日本独特的元素，比如植入家纹（家徽）等，日本服饰正式开始国风化。后经镰仓幕府、室町幕府时代再到战国时期、安土桃山时期，最后至江户幕府时期，历代皇朝和幕府都对礼服、公家服、武家服、军服、通常服甚至神事服颁布实施了新法令，直到江户时代重新定义天皇御衣、公家武家装束。可以说，至江户时代，日本古代社会官服体系已经完全定型。这些各不相同又大体上颇为整齐的各类装束也就只能用制服来定义它们才最为贴切。

这里要说明一下明治时代的官服。明治天皇是一位在服饰上既守传统又崇尚洋风的皇帝，而跟风的臣属们自然也是古洋并用，可以说，这一时期的日本服饰是最混乱的。

明治天皇接受了德川庆喜的大政奉还后，正式执掌大权，不过，当时正值混乱时期，根本没空管理服制。据说，喜好洋风的西园寺公望（明治、大正时代的内阁总理大臣）为求便利，上殿时就随便穿了洋服，脚上踏着皮靴，为此惹来一通指责。而板垣退助（政治家，明治维新功臣）和西乡隆盛（维新三杰之一，号称日本最后的武士）最初进入皇宫时却因穿着麻制的服装而被阻止了，虽然他们声明这是武士的礼服，但还是不被允许，最后只好临时弄来和式衣袍，而板垣又不会穿，西乡也因太胖穿不下，一时间成为朝堂逸闻。可见当时官服之混乱。

　　不过明治天皇毕竟不凡，他在明治四年（1871年）初夏于宫中召开的服制改革会议中，拍板定下皇室、大臣及各类公家人员服饰西化的方针，并于同年9月4日发布《服制改革勅谕》，力推服制改革。明治五年又接连宣布废除古式通常礼服、祭服、直垂狩衣等，还规定古代衣冠服饰只作为祭服使用。自此，自天皇开始，所有臣属、公家人都是平时穿传统服饰，执行公务时则以洋服为主。比如，天皇即位时穿传统登基用和式

明治时期贵族洋服

皇服，招待外宾时穿燕尾服、戴勋章，大尝祭等传统祭祀时穿黄栌染御袍，接见外交使节时则穿御直衣等，此外，明治天皇必要时还穿军服式大礼服、陆军礼服等。平时所穿常服，就基本上是西装了。

臣僚贵族的制服西化也是雷厉风行，这是因为喜好西风的公卿宰相西园寺公望和建造了鹿鸣馆的首相伊藤博文大力推动的缘故，尤其是三度出掌内阁首辅的伊藤博文更是不遗余力地推进西化。从他执掌内阁开始，内阁开会，须穿燕尾服、军装、西式大衣，西化之风可见一斑。那时候，日本贵族院开会，也是清一色的高礼帽燕尾服，一不留神恍惚间仿佛大英帝国贵族院跑日本开会来了呢，可见西式制服对当时日本的影响之深。

五、公家制服

公家是对贵族、官员的泛称。本来"公家"两字是用来指天皇或者朝廷，镰仓时代以后，由于用"武家"来称呼以"武力"对朝廷效劳的幕府将军与守护大名、武士等，与此对应，就用"公家"来称呼在"政务"上服务天皇和朝廷的贵族了。另外，从广义上来说，公家还分为可以升殿（入朝议政）的堂上家以及不能升殿的地下家两类，不过，一般来说"公家"指的是堂上家。这种用"公家"来称呼堂上家以及殿上人的习惯一直持续到江户时代。此外，从古时就有的家族被称作旧家，安土桃山时代以后由于分家而形成的新家族则被称为新家。

从平安时代末期开始，随着以藤原北家为源头的摄家的确立，贵族社会在朝廷中能够晋升至公卿的世家开始被逐渐限定。于是，至镰仓前期日本已经基本形成了公家社会的制度。公家社会，是指根据家格来确定晋升品秩（指以俸禄作为官员品级的标准）的制度。当时，上流贵族（本家）拥有庄园的支配权，而中流贵族由上流贵族或大寺庙任命，行使对庄园的管理权。

到了镰仓时代，公家持有的经济权力，已经开始被当地有力的武士所侵蚀。这种倾向到了室町时代更加显著。自那时起，公家开始逐渐走向没落。到了江户时代，公家已经几乎名存实亡。但公家社会还是一直延续到了幕末，最终在明治维新时期解体。日本实行君主立宪制后，大部分公家变成新贵族，也就是后来的华族。

奈良、平安时代日本天皇直至五位以上大臣的服制，包括衮衣、束带、直衣、狩衣、十二单、袿袴、水干等。根据《养老律令·衣服令》，天皇即位、元正（新年）朝贺着衮冕十二章，上朝及大小诸会，着黄栌染衣。日本皇太子着黄丹衣，亲王着紫衣。诸臣一位至八位依据唐宋公服制度，上殿勤务时依照官阶分别着紫、绯、绿、缥等颜色的礼装。

公元894年（宇多天皇宽平六年）菅原道真提议废止遣唐使制度，之后日本渐入国风化时代，一种被称为"束带"的服饰成为天皇、皇族及公家的礼服。"束带"，名字出自《论语·公冶长》中的"束带立于朝，可使与宾客言也"，原意为"整饰衣冠"，也指装束、官服等。平安初期，正值儒教在日本的隆盛期，因此，《论语》中的"束带"就被用作礼服、朝服的别称了，这种"束带"作为公家装束直到平安中期为止，因此也被称为"平安装束"。

束带从内到外由单、袙、下袭、半臂、袍组成，并在袍外腰部系一条皮革腰带，即石带。袴则分大口袴、表袴两种，表袴需穿在大口袴之外。戴冠，穿袜，衣藏帖纸、桧扇，手执笏，公卿、殿上人还要在腰间挂上鱼袋。束带的穿着有文官、武官之别。文官及三品以上武官身着缝腋袍，头戴垂缨。四品以下武官身着阙腋袍，头戴卷缨。武官、中务省官员及获敕令的参议以上官阶的文官可佩大刀。佩大刀时，要将刀用平绪（挂刀的带子）绑在腰间。值得一提的是束带的"裾"，"裾"就是指下袭（一种穿在半臂里面的垂领内衣）的背面长长的像燕尾一样拖在地上的部分，这也是束带的一大特征。重要的是裾的长短代表身份的贵贱。部分下袭经演变，变得过长，于是裾与下袭分离，称作别裾。着别裾时，先穿上下袭，再将别裾的带子系在腰间。天皇和皇太子的下袭的裾并没有与本体分离。还有一种很短的裾被称作才著，是底下官人穿的。

平安末期，日本摄关政治走向衰亡，院政时代起而代之，院政时代的一个显著特点就是武家势力大增，公家渐渐陷于有名无实的境地。武家喜欢便于活动的衣装，于是狩衣慢慢代替束带，成为武家的公服。当然，武家并未完全废除束带，毕竟形式上幕府将军受天皇册封，还是属于公家人，比如幕府将军在就职大典上依然要以束带正装承继将军大位，这一传统一直传承到幕府最后一位将军。而且，历代幕府也是把束带排在幕

公家束带

府制服第一位的，在重要公事活动中，属下也必须以束带正装出席，其他场合则可以穿直垂和狩衣等。

此后，束带作为弱势公家的制服，虽一直传承至江户末期，但因幕府大权在握，公家作用不明显，所以关于公家服饰的介绍也就微微了了。到了明治天皇登基，伴随着王政复古，还刮起了"重视和风"的风潮，这一风潮影响到了明治天皇，因此，在明治即位大典上，即位礼服不是选了他喜欢的洋服，而是束带礼装。今天，虽然在婚礼、毕业典礼或者歌舞伎、艺伎演出时依然能见到日本人的和服装束，但"束带"却已是只能在皇家正式仪式上看到了。

六、武家制服与武士制服

武家最早是指镰仓幕府时设置在京都的官职"六波罗探题"。承久三年（1221年）的承久之乱后，幕府将军废除京都守护，于京都六原六波罗蜜寺的南北各设一个管理京都政务的机关，原本称为"六波罗"，镰仓时代末期加上佛教式"探题"

的雅号，变成"六波罗探题"。具体负责护卫、监视朝廷、统辖西国的御家人（御家人，指日本镰仓时代"与幕府将军直接保持主从关系的武士"）。可以说是位高权重，因此历来皆由掌握幕府实权的北条家指派族中才俊出任。

室町时代（含战国）时，有资格继承将军职务的家族（如今川家）被称为武家。到江户时代，则演变为大名（诸侯）及幕府的员外官（律令定员以外）、"从五位下"以上的旗本。直至平安时代，一直是贵族阶层引领古代日本服饰的风骚，但到了中世的武家时代，武士阶级兴起，武士阶级的服装也开始贵族化了，甚至开始影响贵族服装。

镰仓幕府（1192—1333年）是日本历史上第一个武士政权，这一时期的武士服装具有鲜明的民族特色和时代特色。但从镰仓幕府时期到室町幕府时期，一般士兵主要穿简易和服以及甲胄，只有将军、大名等被尊为武家的人才有资格穿着讲究的衣冠束带、直衣狩衣等。1395年（应永三年），足利义满订立武家礼法。此后，方袖羽织、大口袴成为武士朝服，中衣则为白无垢，夏天用白练，后来又称作袴。其中的长袴是江户时代高级武家的礼装，也称为肩衣袴。武家妇人则穿一种叫打挂的服饰，也称为搔取，是武家妇人特有的仪式礼装，少壮服为红色，老者服为杂色。礼仪发式则为环髻。侯国夫人婚服则为白无垢。

1635年（宽永十二年），武家法度规定年轻武士不得穿着纱绫、缩缅、平缩、羽二重、绢绸、木棉以外的衣料。德川幕府规定诸大夫（武家从五位上）穿大纹风折乌帽子，侍从以上穿直垂。文久时代《诸家扈从着服达》规定士族礼服为羽织小袴,婚礼仪式服为纱小袖、服纱袿帷子。直垂的直领表衣后来演变为羽织。当时幕府还禁止平民穿武士服"纹付羽织袴"。明治维新以后,平民才有了取姓氏、乘马以及穿纹付羽织袴的权利。

可见,真正让武家服、武士服得到发展的是江户幕府时期,尤其是第二代幕府将军德川秀忠在庆长二十年(1615年)于伏见城发布了《武家诸法度》,其中规定"衣装的等级不可混杂。白绫是给公卿(三位)以上;白小袖是给诸大夫(五位)以上,不可胡乱穿着紫袷、紫里、练及无纹的小袖,禁止家中的下级武士穿着绫罗和有锦的刺绣服饰"等。此法度颁布后,武家制服被层层细化,将军、大名在盛大场合须穿何种制服都有了明确规定。比如,元日接受诸臣拜贺新年时,将军要穿直衣,侍从等须穿直垂,四位要着狩衣,五位的诸大夫则穿大纹服等。元旦第二日、第三日,将军与臣属又皆须换穿不同制式、颜色的各种礼服。

江户德川幕府后期的武士服装主要由羽织、直垂以及袴组成。羽织,可以理解为外套,能配合直垂、白无垢、长着、小袖等任意服饰。羽织的款式有很多,比如十德羽织、黑纹附羽织等,其功能有点类似于今天的大衣或风衣。戴上盔甲、上战场时穿的羽织,叫阵羽织。直垂是平安时代武家男性的正装礼服,属于仿贵族服饰的一种,材料为绢(丝绸)等。直垂可以单指直垂上衣,也可指直垂套装,一般要配合乌帽子(乌帽子是平安时代流传下来的一种黑色礼帽,乌帽子越高表示等级越高。公家通常戴的帽子叫"立乌帽子"。此外还有风折乌帽子、侍乌帽子、印立乌帽子等)。服饰前面的胸纽等都要齐整,还要配一把扇子,这也是区分直垂和其他服饰的重要配饰。袴,其实也就是我们说的裙裤,分很多种,有神官、巫女的袴,祭典、歌舞伎的袴等。武士的袴一般来说称为马乘袴。日本武士穿的袴很讲究,袴有前五后二共七条折痕,前面五条折痕代表五伦,即君臣、父子、夫妇、兄弟、朋友,也象征五常的"仁、义、礼、智、信",是武士要恪守的伦理道德准则。后面两条折痕,代表天地、阴阳和忠孝。日本战国时期还有一种把肩衣与袴连接起来的衣装,叫做裃,看上去像连衣裙裤,当时是织田信长般的人物才能穿的衣服,到了江户幕府时期,这种裃却成了幕府公人(指公务员)的标配服饰。

武家服和武士服其实还是和服的变种。室町幕府时期,为了区别皇室和文官的"公家着物",武家执行公事时穿的服饰被称为"武家着物",这种称法一直用到江户幕府时代。武士服对当代也有贡献。比如,日本现代服饰设计里的宽松肥大、以人

武家服饰

为本的中性美，就处处透着武士服的影子，最直观的就是常见的日本建筑工人或木工穿的肥肥大大的裤子，那分明就是幕府时代的"袴"的翻版。

七、武士甲胄的功用

日本这个民族很有些意思，极具现代意识，但又非常怀旧，对于传统的东西都视若珍宝，直到今天，各处神社、博物馆，甚至私人收藏家家中，都藏有丰富的古代各个时期的铠甲和武器，而且种类繁多，尤其是盔甲中的"胄"，日本人也称其为"兜"（音近"卡住头"，指头盔），大概是源于我们古代头盔的别称"兜鍪"吧。每逢节日，商店就会摆出各种微型装饰，用武士盔甲兜售，而家里有男孩儿的就都要摆设古代武士甲胄、振羽或穿盔甲的五月人形等，以祈愿孩子长大勇武健康。由此可见甲胄在日本人心中的分量。那么，日本是从什么时候开始有了甲胄？它们又是如何发展成为后来种类繁复的盔甲的呢？

日本甲胄诞生于3世纪后期的古坟时代，以短甲和挂甲为主要代表，而保存下来的文物多为铁质的短甲。这两种都已经是比较成熟的甲式，因此推测在此之前应该也有其他的甲胄种类，但是可能因为选用的是竹、藤等材料而无法保存下来。

日本盔甲的发展大致分为5个阶段：第一阶段为上古时期至平安时代前期（ —10世纪），受制于当时的生产力条件，主要是短甲、挂甲等形制简单朴素的甲胄。挂甲是指用绳索把皮革或铁片穿连起来形成层叠形式的甲片，一般下一片要覆盖上一片的底端，从而形成下层宽于上层的缀甲样式，日本人认为其制法是源于亚洲大陆上的游牧民族。奈良时代就有一种著名的两档式挂甲，是后来日本大铠的前身。而短甲则是将皮革或金属的札片连缀成整体，以保护胸部的甲胄，实际上就是护胸。这一时期横跨上千年，但是因为距今过远，所以保存下来的原物并不是很多。

第二阶段为平安中期至镰仓时代（11—13世纪）。当时武士们要佩戴带有铲形前立的严星兜、小星兜或筋兜（日本古盔甲的兜指的是头盔），脚蹬毛沓（一种打猎时穿的皮制鞋子），骑在马上使用弓箭作战，所以这一时期大铠、胴丸、腹当这些有着浓郁日本特色的甲胄得到了大力发展。

第三阶段为日本南北朝至室町时代（13—16世纪），这是一个政权交替混乱、地方势力膨胀的时代。战事频繁，使得胴丸、腹卷等在这一时期被广泛运用。这些防具较为轻便实用，适合徒步作战。在这个步兵逐渐代替骑马，武士成为战争主力的时代里，甲胄发展的变革也在酝酿之中了。

第四阶段为日本战国时代至安土桃山时代（16—17世纪）。这是一个辉煌而又混乱的时代。当时，坚固、轻便的"当世具足"（当世具足是日本对"当代铠甲"的称呼，当时的人将以前的甲胄称为"昔具足"，把当时的甲胄称为"当世具足"）广受欢迎，成了主流甲胄。这一时期，火绳枪也由西方传来。随着被称为"铁炮"的火绳枪的使用，甲胄的样式和性能也受到了极大的影响。此时，受西洋盔甲影响而产生的南蛮胴（经过改造或模仿的西方盔甲）也出现了。所以，东西方结合、样式各异的胴与兜都在这个年代并存。这一时期也是日本甲胄真正的大繁荣时代。

第五阶段是从江户时代初期至幕府末期。在德川家康开创的太平盛世中，甲胄的实用价值逐渐让位于仪式和装饰作用。在文化、文政年间（1804—1830年），复古调大铠盛行。而在江户末期，生牛皮涂漆制作的较轻便的炼具足开始在低级武士中流行。不过，在江户时代也产生了很多豪华甲胄并保存至今，成为日本重要的文化遗产。

日本武士的盔甲经过长期的发展完善，最后形成大铠、腹卷、胴丸、当世具足和挂甲等主要的几大类。

说到武服盔甲，就不能绕过"家纹"（家徽）。

在日本，家纹最早是因"源平藤橘"四大家族而出现的。当时，源氏、平氏、藤原氏和橘氏四大家族中被下放到地方的氏族为与其他同族相区分，就以被封土地的名称作为自己的家名来使用。这个家名是为强调自家的独特性而来，因此它最大的功用是作为纹章来使用。这就是日本历史上最早的具有家族象征意味的家纹雏形。不过，家纹真正普遍出现是在平安时代后期。当时诗歌、音乐等艺术流行，公卿贵族经常外出参加社交活动，多乘牛车前往，很多人的车又都是黑漆涂面，难于辨认彼我之辇，有人便在车的某个部位镶嵌上金丝图案，这就是家纹的起源。

随着人们生活的多样化，家纹的适用范围也越来越广。有的家族在织布时索性将家纹织于衣料上，这种家纹也称地纹。

家纹一旦确定，则世世代代沿用。

镰仓幕府成立后，政权由公卿贵族转向武士阶级，自然，家纹也开始为武士所用。不过较之公卿贵族，武士的家纹欠优雅而重实用。因为当时群雄割据，战争不断，打仗时需要很快识别敌我，一军上下不熟识家纹，就不能克敌制胜，所以不只战旗、武器、马印、车篷幕布饰有家纹，平日的衣服、用具上也都饰有家纹。武士家纹可以说是战争的产物。

战争中，家纹是区别敌我的依据，战后则用于战功的查验，所以，家纹开始成为武家社会不可或缺的事物。到了太平

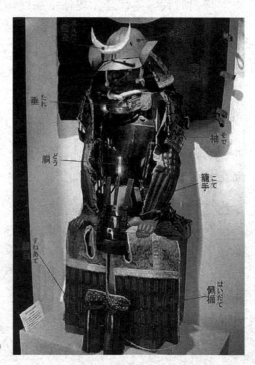

武士甲胄

年代，武士也不再被驱上战场，旗帜、武器、马印等没了用处，家纹在武家社会也随之失去了生命力，再次回归公卿时代，成为仪礼的用具。后来，江户幕府的大名每年要到江户参勤交代，家纹用以识别各家，所以当时大名随从的枪、长刀饰鞘以至行李等都要饰上家纹。可以说当时家纹是大名家格、家系的代表。

到了近现代，由于日本经济的发展，各企业为推销更多自己的商品，让顾客认识自己的商标，家纹又开始被广泛使用，迎来了第二春。当今日本所使用的纹章数量远远超过了历史上任何时代。据统计，现在正在使用的纹章共有12 000种之多。

八、神道教与修验道的服饰

日本宗教很多，很多日本人都信奉两种以上的宗教。最典型的就是日本人满月时一般会去神社（神道教）接受洗礼，而结婚时，则分别会采取教会式（基督教）、神道式（神道教）、佛前式（佛教）婚礼，去世时又普遍会请和尚来念经。日本佛教兴盛，旁支繁多，基督教、天主教也很兴盛，但这毕竟属于外来宗教，日本最具代表性的应属本土的神道教和修验道。神道教是日本自古就有的，修验道有说法是由日本本土的山岳信仰结合佛教密宗修行法所创，所以修验道应算是佛教的旁支，但无论服饰还是法事规矩修行方法，修验道与佛教的关系都已不大。因此，修验道也可以完全算是日本本土宗教了。

　　《日本风俗史》认为：神道教神官的服装原型应为日本远古时期男子所穿的袈裟式横幅，就是古坟时代男子披用的那一块由左肩斜披到右肋下打个结的麻布片。巫女装束的原型即为当年的贯头衣。后来，袈裟式横幅上下分开成为衣和裤，贯头衣则分割成为衣与裳（裙）。之后，受大唐影响，公元701年（大宝一年）《大宝律令》颁布，冠服制得以确立，自此，日本人的衣着真正规矩化。而神道教在那时的主要服饰为斋服，也就是祭祀时用服。因为之后日本佛教兴盛，神道不显，神道教的服饰也就一直未有什么大的变化。

　　直到明治时期，明治天皇毁寺废佛，发扬国教神道，开始规范国家祭祀制度，神职巫女服装才开始制度化。神道的神官装束被定为衣冠单、斋服、狩衣和净衣，巫女则为褂、袴、

神道教服

水干等。衣冠单，即为带外罩的和服装束，一般用于神社参拜和各种仪式，由冠袍、单、奴袴、桧扇、帖纸、浅沓组成。斋服，由白练绢制成，制法与衣冠袍一样，属于略服的一种。狩衣的原型即为平安朝的狩猎服，后来成为公家的日常服，镰仓幕府以后，又成为武家的式服，穿狩衣时须戴乌帽子。净衣就是指白色狩衣，同样，穿净衣时也要戴乌帽子等。而巫女穿的袿，即为平常服，类似和服十二单的最外层外罩，内则穿小袖、袴、套装，也要配桧扇、帖纸和木屐等。至于水干，本来是平安时代男子的普通装束，也称略服，是指不用糨糊只用水洗，然后撑开的一种非常简单的服饰，后来被用做神社巫女的简素服装。

随着神道教的兴盛，神社里的分工也逐渐明确化。神宫里的神官一般称为祭主、大宫司，神社的首领称为神主，其下有祢宜（觋）、祝、巫（神子）等。神乐舞女称为巫女。明治二十七年颁布《神官神职服制》敕令，此后修改了3次，从此神道教服饰分为正装、礼装、常装3种。正服黑罗冠、略服乌帽子（有位者戴立乌帽子、无位者戴折乌帽子）。正服衣冠，四位以上缝腋位袍黑唐草纹、五位赤唐草纹、六位以下绿无纹、无位黄平绢无纹。礼装斋服服制与位袍同，用白绢。中单短帷子，有位者为红绫，无位者红绢。下着指贯，三位以上紫底藤丸纹，四位、五位紫平绢，六位以下浅黄平绢。此外，有衣冠代用布衣，即无襕狩衣。常装包括狩衣和净衣。中祭、小祭的祭服为常服，即狩衣。别官以下仆从服白张，即由白麻布用糨糊黏结撑起来的一种类似狩衣的白衣白袴。

不过，发展到今天，我们在神社祭祀活动现场看到的巫女服饰基本上已变成白小袖（白衣）配"绯袴"（即红色裤裙），叫做"常衣"，实际上也就是神社神职人员的工作服。

神道巫女

修验道是日本古有的山岳信仰受外来的佛教等影响形成的宗教。修验道的实践者称为修验者或山伏。山伏在《日本辞典》中的解释为："在山中修行的修验道行者"。

修验道在奈良时代成立，平安时代以后开始盛行。庆长十八年（1613年），江户幕府制定"修验道法度"，规定修验者分属真言宗系的当山派或天台宗系的本山派。明治维新后，此教派被禁止，但在民间仍然流行。

修验者们穿得很神奇，据《日本服饰史》描述，他们出行时头戴名为头巾的多角形小帽，手持名为锡杖的金属杖，身穿名为袈裟或篠悬的麻织法衣。为了在山中互相联络或传送信号，还持有法螺贝。这些装饰都是山伏十六道具中的几样，十六道具指的就是头襟、铃悬（篠悬）、结袈裟（不动袈裟）、最多角念珠、法螺、斑盖（桧笠）、锡杖（菩萨锡杖）、笈（箱笈）、肩箱、金刚杖、引敷、脚半、八目草鞋、桧扇、柴打、走绳（螺绪）、簠簋扇。这十六道具各自象征不二之世界、十界、不动明王、母胎等。据说携带这些道具修行，修验者本身会拥有这些道具的力量。

修验道服

九、相扑力士服、柔道服、空手道服

1. 相扑力士服

体育方面的制服，世界各国都差不多，但是相扑、空手道、柔道等都是日本特有的体育项目，这些项目的服饰就充满了大和民族的特色。

我们先来看看日本国技——相扑的服装。相扑力士也许是身材高大、臃肿的原因吧，一般服装穿不下，所以从有了和服开始，和服尤其是浴衣一类的简略和服就成了相扑力士的平常服。

昭和三十三年（1958年），日本相扑协会规定：相扑力士登上土俵即比赛场时，只能穿一条"裈"（就是一整条绕腰间和胯下的兜裆布），这条"裈"长6米，宽45厘米，材质为帆布。因为兜裆布又长又硬，所以必须让他人帮助，才可以缠绕结实。按照日本的传统，日本相扑选手的兜裆布是不可以洗涤的，那是因为相扑选手认为兜裆布洗涤后会招来晦气。

相扑服

2. 柔道道服

12世纪，日本正是武家社会时期，武士们流行学习传自中国的十八般武艺，作为交战时的技艺，这一时期，日本武艺初具模型。进入江户时代后，从日本古武道（武术）中发展出了"柔术"，柔道即起源于日本古代武术之中的柔术。明治十五年（1882年），日本柔道家、教育家嘉纳治五郎改良柔术，创出了"柔道"。柔道以"精力善用""自他共荣"为基本理念，并以锻炼及教育身心为目的，因此，在1911年，被日本政府推广至全国，并正式列为学校体育课程之一。从此，柔道开始了发扬光大之路，并借1964年东京奥运会东风，被正式列入奥运会比赛项目。

柔道最初使用的是柔术的"稽古着"（练习衣），1907年，嘉纳治五郎设计制造出了现在普遍穿着的柔道服。最常穿的柔道服是白色的纯棉制衣服。柔道服最大的特点就是厚（直门处可达5毫米），整个道服以厚棉布为基础面料（有些道服用双层厚棉布），腰部以上部分紧密编入棉绳，直门处编入双层棉绳，使其更加坚固耐用，运动员双方在撕扯过程中可以毫无后顾之忧，尽全力发挥，并展示自己的技巧和力量。

柔道服实际不复杂，由"柔道衣"（上衣）、"下穿"（裤子）角带（腰带）和足袋（分趾布袜）组成，不过，现在已经不穿"足袋"而改赤脚了。柔道服的上衣长度须盖住大腿，当双臂在体侧向下完全伸直时，柔道服的上衣长度至少应超过双拳，上衣左前襟压右前襟，应足够宽大，左右前襟在胸前的重叠部分至少为20厘米；柔道服上衣的袖子最长可至腕关节，最短的距离腕关节不得超过5厘米，在衣袖和臂之间应有10～15厘米的空隙。柔道服的裤子长度应盖住双腿，最长可至踝关节处，最短的距离踝关节不得超过5厘米，在裤子和腿之间应有10～15厘米的空隙。腰部系一条宽为4～5厘米、其颜色代表运动员段位的腰带，腰带绕腰两周用方结系好后，两端各留20～30厘米长的空余段。这是明治三十九年（1906年）秋季讲道馆比赛时制定的规矩。

女子柔道道服与男子的稍有不同。由于柔道比赛必须撕扯，所以女运动员在柔道道服上衣内还要穿一件白色或灰色的T恤衫或短袖紧身衣，而且要能把底襟掖在柔道服的裤子里用作保护。

柔道比赛级别大多数是以个人体重分级，但不同团体有不同的分级方式，比如说日本讲道馆的级别分为八级。柔道的段位和级别主要以不同颜色腰带来区分。比如，腰带颜色一级为咖啡色；二级为蓝色；三级为绿色；四级为橙色；五级为黄色；六级为白色。而有段者初段至五段皆为黑色；六至八段为红白色；九段、十段为红色。因此，观看柔道比赛时从柔道道服的腰带上即可判别柔道选手的级别。

在日本，柔道道服的颜色原则上为白色，但相搏双方都穿白色，在比赛中难以区分，因此，1997年国际柔道联盟正式决定在国际比赛中使用带颜色的柔道道服，也就是蓝色。日本对柔道道服植入颜色持反对意见，于是在日本国内柔道比赛上相搏双方只穿白色柔道道服。

柔道服

3. 空手道服

空手道，也称"空手"，旧称"唐手"，是发源于琉球王国（今琉球群岛）的一种格斗术。空手道的前身是琉球古代的武术琉球手，接受了中国武术的影响，形成唐手，后来又受日本武道的影响，成为现代的空手道。

琉球王国时代的史料中没有关于空手道服的记载。太平洋战争之前的空手道练习的相片显示当时的习武者大多赤裸上身练习空手道。今日的空手道服是1922年船越义珍在讲道馆演武之际，从神田的布料店买入白木棉布，参照柔道服的风格亲手缝制出来的，这也是文献上记载的最早的空手道服。之后空手道服逐渐改良，成为今天的样子。现在，传统派空手道的道服与全接触式空手道的道服也有着些许不同。

空手道服与柔道服很相似，不同之处只在于空手道服没有柔道服厚，袖子要短（为方便出拳），传统空手道多是七分袖，极真是五分袖。左胸胸口会有流派名称刺绣，有些道服衣角和裤子也会有刺绣或商标。

空手道的段位级别是参考柔道而来，腰带的颜色区分虽与柔道略有不同，但大致还是相似的。空手道段位制由船越义珍于1924年制定，与柔道一样，空手道分为黑带和白带。黑带为有段者，白带为入门者。黑带与白带之间（1～3级），多数流派设有茶带。一些流派最初设有绿、黄、青等色带，今日已一般化。段级位和色带在各个流派中有差异，传统派空手的段位为全日本空手道联盟的公认段位。

按段位、级别束上对应颜色的腰带，一般入门者为白色腰带，然后依次为四级以下绿、黄、蓝、橙；三级茶、绿；二级茶、紫、灰；一级茶色。然后初段至六段为黑色；七、八段为黑、红白；九、十段为黑、红色。

腰带的颜色不只是为了分级分段，日本人还赋予它象征意义。比如，白色象征纯洁；橙色代表稳定；蓝色表示锻炼运动员的流动性和适应性；黄色则寓意坚持；绿色代表情感和感觉；棕色强调的是实用性和创造性；黑色带子喻示着成就，也寓

空手道服

意着一个新的开始。

十、艺妓服饰

艺妓（日语：芸妓、芸者），中文也写作艺伎。日本艺妓并非性工作者，其工作内容除为客人服侍餐饮外，主要是在宴席上以舞蹈、演唱、演奏等方式助兴。日本各地对艺妓的称呼略有不同，在东京等关东地区称为"芸者（げいしゃ，Geisha）"，见习阶段称"半玉""雏妓"，而在京都、大阪等关西地区则称为"芸妓"（或写为"芸子"，皆读为げいこ，Geiko），见习阶段称"舞妓"（或写为"舞子"，皆读为まいこ，Maiko）。明治时代开始也有"芸妓（げいぎ，Geigi）"这种读法。

艺妓的形象不仅仅是靠和服（艺妓制服）来体现，还体现在发型、乐器、油布伞及其他配饰上，所以要说艺妓的服饰，必须要从头发说到足底，包括各种装饰品、手持品等。

先说艺妓的发型。艺妓的发型以名为"岛田髷"的发型最为常见。岛田髷源于江户初期的"若众髷"，这本是男孩子向成年男子过渡时期梳的一种发式，"髷"即为卷曲之意。后来，这种发式被京都、大阪一带的艺妓、游娘（妓女）喜欢上了，经她们改良后形成了岛田髷。这种发型从正面看上下宽度基本一致，耳边发鬓多为假发，遮住双耳，发饰少而素雅，常用簪饰三件套（前栉簪、平打簪和芳丁簪）。因发起地在静冈的岛田市，故被命名为"岛田髷"。

艺妓的服装是十分华丽的和服，做工、质地和装饰都相当大气，因此也异常昂贵，一般在50万日元以上，有的甚至达100万日元乃至更多。京都舞妓（见习阶段的艺妓）的服装更是著名，以悬落飘逸又华丽的腰间宽锦带为其特色。这种腰带可长达5至7米，相当沉重，扎束时需要很大的力气，所以常常由称为"男众"的男性仆役来帮忙扎束。舞妓及年轻的艺妓所穿和服被称为"裾引"，从腰带到裙摆间的一段名为"褄"。在外行走时，舞妓及年轻的艺妓一定会将左手压在这一段上面，有"卖艺不卖身"的含意。一般演出时，年长的艺妓穿的和服为衣袖诘袖，而半玉（见习艺妓）或舞妓为振袖的长袖。腰带也不一样，东西有差别，京都的艺妓脚上还是穿着雪白的"足袋"（分趾布袜）和传统的木屐，而东京深川的艺妓已经光着雪白的玉足踩着桐木木屐呱嗒呱嗒夺人耳目了。

艺妓化妆也十分讲究，最醒目的是她们涂成白色的脸，在古代是使用铅粉，但铅粉有毒且容易脱落，现代艺妓则改用一种液状的叫做水白粉的白色颜料均匀涂满脸部、颈项，整个白色底妆的范围大致覆盖了脸、颈部和胸部上部。但是在脸部边缘（发际线边缘）又会存在没有涂到底妆的脸部空白部分，以示自然美色。白色底妆，是取白色在日本文化中无暇、纯洁的"白无垢"之意，一般日本新娘嫁衣的颜色、武士切腹时穿的和服颜色都是白色。红色眼影则是为了和红唇相衬，加上白色底妆，整个脸部显得更加生动，看起来就犹如雕饰华美的人偶一般。说到唇妆，一般从业未满一年的舞妓擦口红时，只准许涂下唇，而且颜色浅，到了高级艺妓阶段才可以涂整唇并使用颜色浓烈的口红。

唇妆有名堂，艺伎和服也有名堂。例如，和服边颜色越多的代表等级越低，高级艺妓的和服边是全白的。在服装和装饰上，舞妓更加讲究颜色丰富和头饰多，艺妓则是颜色浅淡，头饰只有一两件。艺妓的服装被归类为和服，但比普通和服多了些华丽，尤其是艺妓所穿的和服衣领开得很大，并且特意向后倾斜，而艺妓行姿，又大多低眉顺目呈前倾之势，让艺妓的脖颈全部外露，那是因为女子的脖颈至后背脊椎被日本男人认为是性感的标志。艺妓通常会在脖子后面画"三足"，刻意露出一点没涂白，也是为了让人有无限遐想。

艺妓本身是一种传统文化，而且也是传统文化的载体。艺伎不仅能歌善舞、精于琴瑟，而且还博学多才、善解人意，这就要求艺妓学习很多内容。过去的艺妓只要学得了文化、礼仪、语言、装饰、诗书、舞蹈等就可玩转达官显贵了，而在艺妓行业渐趋式微的今天，艺妓们需掌握包括股票证券、政治经济、因特网、智能手机甚至八卦娱乐等一切信息才可抓住当代达官显贵的心。据说，艺妓每天都要读十几份报纸杂志，才可有胆上桌献艺。

今天，艺妓这个行业已是日薄西山，但这曾经辉煌过的文化现象确有保存和传承的价值。时至今时，艺妓的传统文化影响已经遍及日本，并渗入日本社会的方方面面，艺妓不仅继承了传统文化的古典意蕴，也潜移默化地影响着日本当今社会的诸多方面。比如艺妓周到体贴的服务，已成为日本一切服务业的典范。同样，在制造业，我们知道日本产品的特点不在于原创性，而在于可靠的质量和人性化的设计。为用户着想，提供最为周到体贴的服务，是日本产品设计生产的基本理念，所以，在所有日本产品的细微之处，都可以发现富有人性化关怀的创意，而这种产品设计的制造理念，可以说就是艺妓文化的产物。

艺妓文化对日本女性审美观、价值观都有深刻影响。艺妓的穿着打扮，已经成为日本传统美的典范。艺妓的和服穿法，成了日本女性在重要的日子穿和服的标准范本，也影响到现代日本女性的穿衣打扮。据说，艺妓那种低调的娇媚嗓音，演绎复杂敬语的温婉有礼，一直影响到现代日本女性，她们也都以这种假嗓子得体地展现自己的修养和气质。同样，艺妓学艺时的艰辛、忍耐，也培养了她们平时温柔顺从、遇事坚毅刚

艺伎服

强的性格，这也影响到后世女子的处世哲学。所以，张爱玲说"艺妓是日本女性美的典范"，此言诚不虚也。

十一、和服的制服意义

和服，顾名思义指大和民族的服装。明治时期，因为西化引进的西式服装被称为"洋服"，于是称日本本土传统的民族服装为"和服"以作区别。在这之前，日本本土服装一直被称为"着物"或"吴服"。起初"着物"泛指所有服装。现在则主要指"和服"。而"吴服"叫法的产生源于中国汉末三国时期，近水楼台，日本与当时孙权的东吴有了商贸活动，那时，中国纺织品及缝制技术传入日本。史载当时朝鲜半岛的百济给应神天皇的贡品里就有两位从吴国来的裁缝女，后来应神天皇复遣阿知使主前往吴国求缝工女。雄略天皇在位期间，阿知使主带回汉织女、吴织女。吴织女死后还被当作吴服大神在吴服神社里祭祀。时至今日，吴服、着物、和服这三个词的意思已基本是一样的了，不加注解，一般情况下都是指和服。

飞鸟时代（593—710年）和奈良时代（710—794年），佛教已从中国经由朝鲜半岛传入日本。中国文化在日本很流行，因此，宫廷和朝廷有关人士在穿着上大受中国文化的影响。大宝元年（701年）制订的《大宝律令》，以及由《大宝律令》所衍生出来的718年制订的《养老律令》，也都包含了对衣服制式的规定。这两条律令将朝廷的制服定义为"礼服"及"朝服"两种。不同官位、场合、身份等的衣服各自有不同的配饰、颜色及剪裁。719年，和服右衽（衽为衣襟，右衽就是前襟向右掩）的传统也由此时经政令所制定，这也是唐文化所影响的结果。

白村江一役战败后，日本朝廷经过反思，决定大力引进唐朝的制度及文化，因此在奈良时代，日本对中国文化有大规模的模仿。日本第44代元正天皇（680—748年）下令全日本改用右衽。也许是由于自身是女性的缘故，她于养老三年（720年）又开始制定妇女衣服式样。圣武天皇即位以后，要求妇女脱旧俗改新制。称德天皇规定袍衣的剪裁每件以半匹为限。元明天皇则规定衣领要宽，"衣襟口阔，八寸已上，一尺已下"，规定衽之相过不能太浅，圆领袍襕广一尺二寸以下。光仁天皇规定袖口尺寸，五位以上一尺为限，六位以下八寸。文德天皇规定袖口阔和裤口阔相同。由以上这些天皇关于服制的一系列规定，也可看出，这基本上就是设计制服的节奏了。

平安时代（794—1185年）的宫廷服装分为3个类别：特别礼仪的服装、宫廷里穿的正式服装和普通场合的服装。男性穿着的正式服装就是前面讲过的"束带"，也就是男性贵族参内（在大内出勤）时的职业装。位阶不同，束带的颜色、纹样、质地也不同。一位至四位是黑色，五位是深红色，六位是蓝色。根据衣装的颜色，地位的高低一目了然，这就是当时文官的正装。

妇女的服装则分很多层，在"单"上套一层又一层的"挂"，就是后世俗称为"十二单"的穿法。而在平常穿的"小

男女古和服

挂"上添"裳"和"唐衣",这在平安时代的正式名称就是"裳唐衣的装束",是贵族女性们极为隆重的装束,这也是服务于内里(即大内)的女官们所穿的正装。

承和九年(公元842年),仁明天皇下诏书:"天下仪式,男女衣服,皆依唐法,五位以上位记,改从汉样,诸宫殿院堂门阁,皆着新额。"而正仓院所传东大寺写经生记录的男子服制包括袍、袄子、袴、汗衫、裈、水裈、前裳、布肩衣;女子则服袍、裳、前裳。法隆寺存有蜀江锦,传说是圣德大子妃的带裂、褥裂。平安时期和服为唐朝汉服翻版。此时期的和服基本上模仿当时中国服饰的样式,而日后贵族阶级所穿着的"唐服"样式也于此时期留存下来。

镰仓(1185—1333年)和室町时代(1333—1568年),在政府任职的武士正式场合也要穿束带。他们平常的装束即为前面介绍过的"狩衣",是从打猎时候的装束演变而来。室町、江户时代把这种"束带"改称为武家着物。应永三年(1396

年），足利义满订立武家礼法。此后，方袖羽织（是日本和服的一种，作为防寒、礼服等目的，穿在长着、小袖的上面）、大口袴成为武士朝服，中衣白无垢，夏天用白练，后来称作袴。宽永十二年（1635年），武家法度规定年轻武士不得穿用纱绫、缩缅、平缟、羽二重、绢绸、木棉以外的衣料。德川幕府规定诸大夫（指武家从五位以上的大夫）服大纹风折乌帽子，侍从以上直垂（是一种方领、无徽、带胸扣、下摆掖进裤里的武士礼服，也是当时的武士在铠甲里面穿着的较短的四幅袴和服）。

江户时代（1600—1868年），武士阶层男子在参加仪式的时候还穿一种叫做"上下"的服装，但是平时男人女人都穿小袖和袴，并用布块围在腰上，叫做"带"，武士要把剑佩在带上。

还有"公家着物"，是指奈良、平安时代日本天皇至五位以上大臣的服制，也可以说是华族的礼服，包括衮衣、束带、直衣、狩衣、十二单、袿袴、水干等。根据《养老律令·衣服令》：天皇即位、元正朝贺着衮冕十二章；上朝以及大小诸会，着黄栌染衣；日本皇太子着黄丹衣，亲王着紫衣；诸臣一位至八位依据唐宋公服制度，分别衣紫、绯、绿、缥。幕府时代，公方以束带为礼服，四位以上黑袍，五位则为绛袍。这一规矩，并未受武家服制影响。之后各代虽有一些改动，但大体上还是以平安时期的原样一直延续到了江户末期。

到了明治四年，政府颁布散发脱刀令及制服着用令，规定大臣、参议、诸省长、次官除了朝仪以外，均以羽织袴为便服。明治十年，太政官宣布羽织袴为官吏通常礼服，而武家候国夫人的大礼服是"打挂"。打挂，又称搔取，是武家妇人特有的仪式礼服，少壮穿红色，老者穿杂色。礼仪发式为环髻。侯国夫人婚服为白无垢。白无垢，是指表里完全纯白色的和服。在古代日本，白色是神圣的颜色。室町时代末期至江户时代，生产、葬礼、切腹也穿这种和服。明治时代开始，神道结婚仪式上女方也开始穿上了这种和服，成为新娘衣裳，略礼服染帷子（一种染色的简式麻布和服）成为平民礼服。

历史的脚步走到今天，穿和服的人已经越来越少见。年纪大些的人，在他们年轻的时候就习惯了穿和服，现在也还一样。某些传统日料店的服务员或是教授传统日本艺术（例如，舞蹈、茶道和花道）的人也穿和服。毕竟和西服相比，和服穿起来麻烦，活动不方便，所以已很少作为日常服装。然而在一些重要场合，人们还是要穿和服。这些场合包括：新年参拜、新年聚会、成人节、大学毕业典礼、婚礼以及其他重要的庆典和正式聚会。在这些场合，女性身穿靓丽迷人的"振袖"或长袖和服。振袖为未婚女性所穿着的和服，有色彩斑斓的图案及纹理。它依照袖的长短分为大振袖、中振袖及小振袖，袖长大约在39英寸至42英寸之间。振袖是现今未婚女性最正式的服饰，是未婚女性参加成人节或者亲友婚礼的常穿服饰。

此外，日本还有一种简便和服，日本人称之为"浴衣"。"浴衣"原本是洗澡后直接套在身体上的，是一种乘凉用的传统的简易装束，正确的穿法同和服一样。不过，"浴衣"比"和服"要便宜。所以大多数年轻女孩子每年夏天都会想穿一

浴衣

套与去年不同的浴衣。浴衣作为日本夏季传统服装，在色彩和花式的搭配上，都尽量体现夏天清凉的感觉。蓝底、紫底与白底是最常见的，配以金鱼、烟花、蝴蝶等可爱的图案，然后女孩们一手拿着团扇，一手拎着布袋，趿着木屐，咯吱咯吱地踏着碎步，三两成群，袅袅婷婷地去观赏烟火大会，那一番景致，真是俏美中又透着无限的性感。

日本的和服，从天皇到后宫皇族，再到文官武将，甚至连平民百姓的服饰也都有明确的规定。和服经过历代不断的改进，终于形成今日的和服制式，各个阶层都严守着和服的规矩。和服已经成为日本民族的招牌。

CHAPTER

02

第二章

制服的今生

一、从消防服到各种行业专用制服

日本有一种说法，日本制服是从消防服开始的。日本最早的消防组织"大名火消"诞生于1643年，经过近400年的发展，到今天，日本消防早已成为一个组织严密、制服分明、高效有序的组织。

"消防吏员服制基准"经过昭和时代和平成时代的历次修改，形成了今天这种分类详细、严密的制服体系，它根据官阶、性别、季节对制服作了详细规定。

江户时代，日本的其他一些行业也开始逐渐出现。比如，通信、邮便（邮政）事业就是在1871年（明治四年）正式开始的。当时的邮便事业，其根本就是"集配"二字。"集"就是收集、收取，"配"就是配送。"集"和"配"都需要从业人员，这些集配人员被称为

江户时期消防服

"邮便夫",也叫"飞脚业者",相当于"信差"。"邮便夫"需要穿易辨认的专业服装。据大阪洋服商同业组合（即同业公会）编制的《日本洋服沿革史》记载，当时的邮便夫穿黑色立领衣裤，上衣两袖口各有一条白线，裤子两侧也有两条白色竖线，没有帽子，足蹬草鞋，与当今日本邮递员那衣着整齐、骑着摩托足可以冒充警察的"酷相"相比可差远了。

明治五年九月，东京至横滨之间铁道开通，在此之前的三月就制订了铁道制服。据外史局编撰的《官途必携》配图所示，当时的站长帽不是现在的大盖帽，而是类似于搬运工的"赤帽"样式，帽侧有金线，上衣、裤子都是深蓝色，而且上衣还是折襟双开领，配双排金纽扣，袖章鲜明。同时，车长、警吏的服装也已确定，与今天的铁路制服相比也不显得逊色多少。明治十五年（1882年），在东京新桥到日本桥之间，还开通了马车铁道运送客人。接着又开通了人力铁道，但没有找到有关这些从业人员的制服资料，或许还没有专用的服饰。不过在明治十九年时，倒是对人力车夫规定了专用的服饰。今天，在东京浅草还有人力车夫存在，据说他们的打扮就是当年流传下来的。

到了明治三十九年（1906年）东京铁道株式会社成立，出现了铁道制服，至今已发展出JR铁道、私铁、地铁等不同系统各种式样的制服。明治四十五年（1912年），出租车正式登场。经历了整个大正时代，出租车司机制服也未能确定下来，直到昭和十年才最后确定为黑色制服。昭和初年，日本又有了巴士市内观光服务，巴士司机和导游也都穿上了制服。

交通业服

1868年（庆应四年），一位外国商人正式开始经营江户到横滨之间的航线，之后，日本海运得到快速发展，到二战前，日本已成为世界上屈指可数的海运大国，日本人还借此发展壮大了日本海军。日本从事海运的各公司，制服一律模仿英国船员水手服的样式，不知道现代日本人的水手服情结是不是由此而生，但有一点倒是事实，那就是日本的邮船事业发展至今，其主要制服还是近似于海军制服的。

昭和十年（1935年），日本民间航空公司正式成立。根据1944年缔结的《国际民用航空公约》（简称《芝加哥公约》），日本于昭和二十五年（1950年）制定的政令规定所有民间空中运输公司的空中职员一律采用英国的海军士官型制服。这种制服又是深蓝、金纽扣、双开领上衣和金线袖章的土豪形象，这一形象不仅仅是日本在采用，其他国家的航空公司制服基本也是这套路数。直到今天，在各国空中工作人员的制服里依然能看到当时的海上、空中霸主大英帝国的影响。

日本人也愿意把自己国家的各种传承弄得历史悠久一些，作业服也是如此，他们把日本最早的作业服定位在安政五年（1858年）的萨摩藩。据《萨摩的文化》一书介绍，当时的藩主岛津忠义造了三所以水车为动力的工厂，其中的田上村水车馆雇用了40名穿着统一工作服的工人，所谓的工作服不过就是在长袖和服便装上再系一条围裙罢了。至于女子作业服，日本人把明治五年（1872年）开业的群马县富冈制线厂女工当时穿的蓝色围褛、土色竖纹腰带裤、木屐视为女子作业服之始。

明治十年，天皇视察堺纺织所，据记载，作业台旁的女工穿着木屐，外罩浅黄衣褛，男工则梳着发髻，穿立领浅黄衣服。据说，这就是明治、大正年代流行的浅黄作业服的发端。进入昭和时代，各种专用作业服迅速发展起来，至今种类已经多到几乎无法计算。

再说一下日本事务服的开端。据《日本制服史》介绍，明治初年一般的中级以下官吏（指男性）是穿"羽织袴"，戴"山高帽"办公的。羽织袴，起源于江户时期的贵族、武士穿着的传统礼装和服，江户中期成为庶民男子可穿的礼装和服。到了明治时期，公务人员开始穿着办公。羽织袴包括裤子、长着（上衣）和外褂。山高帽起源于英国的绅士礼帽。明治西化之初，类似这种土洋结合、不伦不类的装束倒是随处可见。不过，到了明治三十七年（1904年）日俄战争时，月薪9日元的公务员们已经穿上了棉制黑纹裤。至大正中期，一般事务员已经开始穿西服了。可以说，日本的制服西化比我们早很多。现在，西服套装已成为一般公司职员的制服，平时日本人上下班都是一身西服，某种意义上可以说，西服套装就是日本人的国服，是每位成年男性国民都必须拥有的统一服饰，只是颜色不同而已。

日本女子职业制服也是在明治时期日本全面现代化时出现的，一开始只是女教师、电话局的女接线员等先穿上"袴"（裤子），但上衣外套等还是和式，其他行业的一般女员工还是以和服为主。明治四十三年（1910年），三越百货店雇用了100名女店员，要求她们束发，穿上白色绢制和服，腰束平织棉制带，脚穿厚底"云斋足袋"（日本女子穿和服时必配的白色布袜子，前部从大拇趾处分开为两部分，以便穿木屐）正式靓丽登场。之后经过大正时代，进入昭和时代，女员工的工作服也始终未脱离和服。昭和七年（1932年），东京日本桥的百货老店白木屋发生大火灾，造成14人死亡，500人受伤。14名死亡者中有女员工8人，而这8位女性不是被烧死，而是摔死的，她们因为顺着绳索下滑时风吹起和服露出身体（日本女性过去穿和服，里面不穿内裤），慌张下，一手握绳子，一手捂和服，才致掉下摔死。事件发生后，日本女性穿和服时也逐渐有了穿内裤的习惯。更大的改变则是在战后经济开始渐渐恢复时改穿罩衫式上衣。而随着战后华丽服饰解禁，日本女性职业服开始大放光彩。现在，虽然一般银行或政府部门的女职员还穿着素色的西服套裙，但高岛屋、三越等大型百货店和新干线

明治时期女工制服

乘务员等都已经穿着类似空姐制服的西服套装了，其他一些行业的女性制服，更是争奇斗艳。

接下来说说护士服。日本护士服可以追溯至明治二年（1869年），当时东京病院的护士穿的是统一的蓝色衣服。明治二十二年（1889年），政治家大隈重信在治疗中的一张照片显示，旁边的护士们戴着圆筒状的白帽，白色围裙上系着黑色的皮带，看起来已经有了护士制服的雏形。而真正具备了护士制服功能的则是1894年中日甲午战争时被派遣到预备院的救护人员所穿服饰，那已是日本红十字会制定的正式护士服，采用的依然是英国制式，也就是羊脚式的制服，由白帽、双肩上翘且低立领的上衣和裙子组成。明治时代和大正时代的护士制服都是以此为基础的。到了今天，日本护士服已是颜色多样，整体感觉清新、洁净。

　　各种工作服，比如电力公司、保安公司、保洁公司、宾馆酒店、游园地等的服装，如一一解说，不是一本书能说得清的，所以，在后面的章节中，我们会选择一些关注度较高的制服作介绍。

二、战时的国民服与妇人标准服

　　国民服是昭和十五年（1940年）确定作为日本国民统一服装的。当时，日本正处于侵华战争和太平洋战争的军备吃紧时期，和服不便于活动，又浪费布料，而当时布料严重匮乏，于是，昭和十二年（1937年，卢沟桥事变同一年）12月出台的《国家总动员法》规定，所有物资包括劳动力等都归战时统一管制。于是，设计一种既节省布料，又能做军服，平时也能做简便礼服的制服就被提上了日程。之后历经种种波折，"国民被服刷新委员会"成立了，紧接着在1939年10月25日第一次委员会上，决定了国民服的基准样式、募集要项及试生产等事宜。

　　从确定制作国民服，到募集作品、筛选、试制作，再到最后定型，仅用了3个月，最后确定采用接近军服的4种款式为国民服。这4种款式分别是上衣嵌腰带立折襟式开襟型、同日本襟型、不带嵌入式腰带的日本襟型和同立折襟型，所有款式都删除了领带、衬衣、坎肩背心，一切以战时便于行动为原则。所有国民服的颜色都采用国防色，也就是草绿色和茶褐色。不过，因国民服还有礼服元素存在，所以，为了在礼仪场合使用，还设计了一种国民服仪礼章做仪礼配饰，说是章，实际上样子近似用绳结盘制的徽章绶带。

为使国民服法制化，1940年11月1日，昭和天皇公布第725号敕令，即《国民服令》，将由"被服协会"制定的四型式组合为立折襟式（立领）和开襟式（翻领）两种款式，并把它们定为国民服标准制服，然后还对一些配饰以及将国民服作为礼服作出了相关规定等。国民服出炉，政府欢喜，陆军更欢喜，因为相比当时100日元巨款一套、每人需冬夏两套的高价西服，国民服不仅价格减半，只需50日元，而且一套就四季通杀，经济实惠，可以转用为军服的国民服对陆军来说等于是把军服储藏在了民间，在战时体制下随时可以征用，最重要的是让老百姓穿上这种军服样式的国民服还可以鼓舞日本人的武士道精神，这些才是军部对国民服的真正算计。为此，在国民服制定后，为切实推广国民服，政府还专门成立了"大日本国民服协会"，该协会到处开讲演会、讲

战时国民服

习会、展示会等，可谓是为了战争"不遗余力"。

但是人算不如天算，当时穿国民服的主要是老年人，年轻人还是喜欢穿洋服，国民服并不受年轻人重视。到了战争后期，美军开始轰炸日本本土，尤其是昭和十九年（1944年）盟军对日本本土的空袭激化，国民服才开始派上大用场，作为军服型的国民服全部转为防空服用，这回老百姓百分之百穿上了国民服。不过没过多久，麦克阿瑟登陆东京，作为准军服的国民服自然用不上了，日本民众自然而然地重新换上了洋装，国民服从此走向末路。

除了男国民服，还有女国民服吗？虽然不像男国民服那样是由天皇亲颁"敕令"硬性规定的，但当时日本女性普遍穿着的"艾普龙"装（围裙服）就应算是国民服了。根据国防妇人会统计，1938年（昭和十三年，也是卢沟桥事变第二年），穿着"艾普龙"装，以慰问遗属、激励士兵、救援后方等为主要工作的国防妇人会成员就已达793万人，绝对可以称作"艾普龙"制服大军了。

而一种称为"梦派"的服饰也在1938年出现在东京银座街头（根据当时的《东京朝日新闻》报道），这是福岛县大沼郡高田町大沼实业学校女子部二年级的40名学生上京修学旅行时所穿。据领队说，这是该校穿了十多年的校服。在当时女性普遍穿"艾普龙"装的时期，出现这么一组"奇装异服"，惊艳度可谓直接登顶，一时间，点亮了银座人的眼睛。

"梦派"是什么服装呢？其实是一种土得掉渣的宽腰窄裤脚的裤子，其最早出处据说是日本东北地区农民上山干活时穿

战时女性服

的劳动服，模样类似我们说的灯笼裤。

　　不过，穿上它，确实行动方便。所以，厚生省在召集相关人员设计制定妇人标准服时，最后出炉的设计方案里，也选了灯笼裤。但是好景不长，还没等妇人标准服正式实施，太平洋战争就爆发了，日本经济、军事全面吃紧，尤其是太平洋战争后期盟军开始轰炸日本本土时，"被服协会"再也顾不上妇人标准服的正规、礼仪等因素了。基于日本"国妇"们后方支援的重要性越来越强和"梦派"的简朴、节约以及实用性等因素，厚生省在全国范围内发起了"梦派普及运动"，而且将之规定为空袭时的防护服，女性国民有义务穿着"梦派"，这已经属于半强制性质了。一时间，日本满街都是灯笼裤。但"梦派"只是裤子，当时女国民服的上衣又是什么样子呢？其实也没什么样子，有的女性会把和服上衣塞在灯笼裤里，有的会把衬衫塞在灯笼裤里，也有女学生把水手校服上衣穿在灯笼裤上面，有的还学国民服的帽子也弄块国防色茶褐色的布扣在头上，总之是五花八门，唯一统一的一点是，无论从颜色还是样式上来看，都是以淡色和简素为主。

灯笼裤因其便利性而得以保存下来，我们也才有眼福一睹这战争年代的女性国民裤，这种灯笼裤现在还成了木工、建筑工等的常用裤。日本人有着工匠精神，因此每每看到穿灯笼裤的人，一般人都不由得投去尊敬的目光，因为他们是日本"工匠"的象征。日本殖民朝鲜半岛时，也把灯笼裤带去了半岛，并强迫朝鲜人穿着，据记载，当时还时有撕裂灯笼裤的反抗事件发生。现在，在韩国不仅有工匠穿它，一些年轻女性还把它当作时髦装来穿，真是"三十年河东，三十年河西"。

三、空姐服

曾看过一份"最受欢迎的女性制服是什么"的调查，记得结果是回答者无论男女都选择了"空姐制服"。是什么原因使得日本男女在这个问题上取得了高度统一的认识呢？

原来，这是从制服力的角度出发得出的综合结论。制服力，其实就是制服在大众面前展现出来的代表了某一组织的制服的影响力，当然也包括给穿制服的人带来的自尊自重、约束守规等力量。具体一点说就是，对制服的识别功能、所带来的归属感和团队意识以及制服的宣传效果、品牌力量和可以给穿着之人带来的尊严感、自豪感等的综合考量，才使得日本男女把空姐服推上了制服的女王宝座上。

先了解一下空姐服的历史。日本的空姐制服史大致可分为3个时代。第一个时代是20世纪50年代至60年代，这个时代可称为"精英职业妇女时代"；第二个时代是20世纪70年代至80年代，这一时期可称为"小清新的大家闺秀时代"；第三个时代为20世纪90年代至今，这是一个尤其注重工作效率的时代，也就是以工作能力为主的时代，可称为"干净利落的大姐时代"。

我们分别介绍一下这三个时代的空姐制服。日本是在1951年成立JAL（日本航空）的，1955年ANA（全日空）也正式开始营业。据说JAL的第一期空姐仅有15名，当时应征者为1 300人，应征条件是容姿端丽、身材高挑和精通英语的年轻女性，结果最终只选出了15人，近乎百里挑一，可见当年空姐竞争的残酷。不过一旦被选上，接下来就风光无限了。因为当时的航空公司是在政府背景支持下以举国之力组建的，所以初期的空姐并不只是空姐，还要承担起国家的文化大使和亲善大使的任务，以拯救日本因二战的侵略行径而造成的不良形象。据报道，当时无论是JAL还是ANA的民航飞机飞到哪里，空姐们都要身穿和服参加日本驻当地大使馆主办的派对，与当地名流亲密接触，以期改变日本的国家形象。当时日本女性出来工作还是相当少见的事情，所以这些容姿端丽、高挑温雅的美丽空姐想不出名都不行。当时集体照上，空姐们一身紧身米色西式裙服，头戴船形帽，个个身材高挑、靓丽端庄，引领了一个时代的风骚，成为当时女性的憧憬目标和楷模，也成为那个时代的美谈。

　　进入了20世纪70年代，也即"清新保守的大家闺秀时代"，由于第一期日本空姐的紧身西式裙服上下飞机扶梯不方便，所以被废除了。接下来登场的是灰色西服套装配白色衬衫、灰色帽子的新式空姐制服，也称为日本的第一代空姐制服。而后，日本航空启用了著名设计师森英惠设计的空姐制服。从此，日本空姐服走出了灰色和藏青色，走上了天蓝色的既优雅又朴素的路线。

　　真正令日本空姐制服面目一新的是森英惠设计的第5代JAL空姐制服，藏青色的圆领迷你连衣裙，迷你得恰到好处，腰配稍宽的红色腰带，头戴藏青色檐红顶帽，正中间嵌着JAL徽章，脖子上戴一条由藏青色和红色组成的围巾式宽领带，使其搭在右胸上，足蹬一双前配一朵类似红花的平底珐琅皮鞋。整体上给人一种既清新可爱又端庄内秀的大家闺秀感觉。此款空姐制服一经推出，不仅立时红遍航空界，电视剧也选其为演员服饰，收视率也因此得到大幅提升，一时形成了报考空姐的热潮。

　　进入90年代，日本陷入泡沫经济，节约成本成为航空公司必须面对的现实，所以从70年代后期至90年代末的JAL第6代、第7代空姐制服，更重视实用性。第6代的深蓝色过膝半袖连衣裙式空姐制服配上红白相间的纱巾，呈现出来的就是一副干练的女强人形象。第7代也是深蓝色的制服裙，如果不戴帽子，看上去极像稳重的写字楼女事务员或女教师。

　　1997年，JAL的子公司JEL成立后，迄今推出了三代空姐服。第1代、第2代基本差不多，都是红色西服配近似黑色的西裙，脖子上堆一堆红白相间的纱巾，看上去实在是乏善可陈，整体感觉呆板、缺少生气。倒是第3代的JEL空姐服的藏青色连衣裙、红腰带、领带式红底金纹纱巾等与第5代JAL空姐服颇为接近，总算稍稍找回了一点大家闺秀的感觉，不过，与第5代JAL圆领连衣裙不同的是，JEL采用的是白色立领前面系扣及半袖收口为白边的样式，又稍稍有了一点学生制服的感觉，这也许正是航空公司想要的另类效果吧。

空姐服

四、护士服

日本最早出现护士的时间一般认为是明治十七年（1884年），有了护士自然也就有护士服。当时的护士服是筒型的圆领长袖白色连衣裙式制服，头戴一顶高高的白帽子，腰扎一条宽宽的白带子，足蹬一双白袜草履。因为这种护士服活动不便，所以后来上衣又改为立领单排扣连衣裙式，白衣下面还穿上了贴肤的内衬薄和服，白帽也进化为有点类似贝雷帽的护士帽，前面正中嵌有红十字徽章，脚上倒还是穿白袜草履。这一时期值得一提的是护士的发型，为了纪念1904年（明治三十七年）日俄在旅顺203高地的惨烈战斗，日本护士的发型改为"203高地型"，就是一种前面头发蓬松起来的发式。

整个大正时期，日本护士服采用纯白的制服，白色护士服正式成为日本护士的象征性制服。而后，日本到处发起侵略战争，护士需求大幅增加，尤其是到了1937年（昭和十二年）日本侵华战争爆发，护士紧缺，日本军政府为了补充赴前线的护士兵员，慌慌张张在日本国内发起了尊重护士运动，掀起了一场全国性的美化"白衣天使"运动。这一时期，几乎抵达脚面的护士服被认为不洁，因此改为离地9寸（27厘米）的稍短的连衣裙式白色制服，立领改为开领，白帽也已经近似于今天的两侧突出的巾状护士帽，草履也终于换成了普通的白色鞋子。昭和初期的护士服似乎已开始重视制服的功能性了。同时，这一时期的《保健卫生法·环境卫生法》还把穿着"清洁的护士服"义务化。从此，100%棉质的白色连衣裙型制服成了护士规定的制服。

不过，从战败直到2000年左右，日本的护士服除了60年代到80年代间在布料上有了一些变化外，没有什么大的改变。尤其是在色彩上，日本从有护士服开始，直到2000年，可以说是白色统治了护士服，即使今天，白色依然是护士服的主流，其原因固然有日本人对由西方传来的"白衣天使"服的坚持，更重要的原因是白色在形象上对日本人精神发挥的作用。自古以来在日本人的精神深处就有着一种尊崇白色的意识，他们认为白色是纯洁、清廉、无垢、纯粹、权威、高贵、贞淑的象征，这种白色的权威、高贵感给日本人带来的是安心感和信赖感。

但近些年来，日本人中出现了一种精神压抑综合征并日趋严重，白色护士服尤其是明亮度非常高的、近乎晃眼的白色护士服成为会给患者带来紧张感的制服，精神压抑过重的患者甚至会从护士的白色制服中感受到一种压抑和恐怖感，另一方面随着医疗器械的多样化、复杂化，加上患者本身需护士辅助才能接受治疗、行动等问题，护士需要做弯腰、蹲下、伸臂等动作越来越多，传统的连衣裙式护士服行动不便的问题也越来越突出。因此，护士制服的颜色和功能改革就提上了医院的工作日程。

时至今日，日本护士服已经出现了乳白色、淡青色、蓝色、粉红色、乳黄色、浅绿色等多种颜色，样式也从单一的连衣裙式发展为上衣和裤子分离式，这种分离式还有普通的上衣半袖开领式和半袖圆领式之分。日本人称半袖圆领护士服为"凯西型护士服"，这种护士服也分为男女两种，有男子右胸由肩而下纽扣式和女子左胸纽扣由肩而下的两种形式，这种制服本来是日本医院医师、牙科医师和牙科护士等穿的制服，因其易于活动、设计简单、颜色丰富及夏季凉爽等特性而得到了护士们的认可并逐渐推广开来。近年来，还有一种被称为Ｖ型领的护士服也逐渐有了人气，这本是一款手术室服装，手术室里的医生、护士都规定要穿这种穿脱方便、卫生简单的专用制服，也正是因为它布料薄、易活动、穿脱方便、颜色多样、容易洗涤等诸多特性，使得这款本应是在手术室才能见到的制服推广开来。此外，一直以来护士带的犹如三角巾样子的护士帽，由于不卫生（要维持其硬度必须以糨糊固定，从而易产生细菌，影响患者），以及容易脱落、容易碰到医疗机器等问题，还有男性护士的增加等原因，被越来越多的医院取消了。而护士鞋，过去一直都是以带跟的鞋和拖鞋为主，但因带跟的护士鞋被指夜间走路有声音会影响患者休息，护士本身也认为穿着

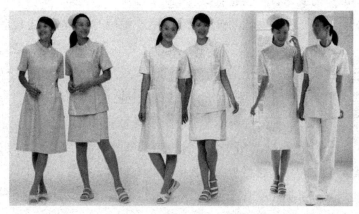

护士服

时间长了易疲劳等因素，基本被废除了，现在流行的一般都是走路无声、易于穿脱的运动鞋型或系带球鞋型及拖鞋型这几种。

总之，日本护士服走到今天，已可以用色彩丰富、亲切人性等来形容了。

五、OL服

日语中的"OL"，是英文"Office Lady"的缩写。指"办公室女事务员"或"写字楼女事务员"，广义上也就是我们今天所称的"女白领"。她们所穿的制服就称为"OL"服或"女事务员服"。

日本的女事务员服经过了怎样一个发展过程呢？说起这种女性制服的起源，在日本一般是从战前开始算，因为当时出于战争需要，日本企业需要大批女员工生产军需品，那时，一般企业里工作的女性都被称为事务员，她们的服饰基本上以圆领带褶的宽松及膝外套为主，颜色多为灰色、咖啡色、藏蓝色，主要作用是方便工作遮挡女性曲线以及防止弄脏私服，样式大概是由大正时期开始的一种"轻作业衣"（一种称为'上张'的稍长的简易和服外套上装）发展而来。

一直到20世纪50年代，这种老式女性制服才借学生服的光，也改为化纤材料，而且长度也渐渐缩短。而真正让日本女性制服有了翻天覆地变化的，还是1964年东京奥运会和1970年大阪世博会，正是这两次在日本举行的国际盛会，才使得日本女性制服彻底翻身得解放了。当时，不仅出现了用以接待客人的华丽的晚礼服式的女性制服，还出现了迷你裙、喇叭裤等新潮时装式制服，这些都激起了日本女性拥有漂亮制服的欲望。据说一开始，日本企业征集女性制服设计方案时，曾有过采用迷你连衣裙的案例，但由于工作中容易走光，故而作罢。接下来又于1970年代后期设计出了既能体现出女性美，又易于活动的外衣加裙子形式的女性制服，并一时成为女性事务员的主流制服，这款女性制服可以说是日本现代化的女性制服第一号了。

　　日本进入泡沫经济全盛期的80年代后，有余钱的公司都在比拼美化自己公司的那一道靓丽的女性风景线，于是，西服外衣、坎肩、衬衣、裙子这样的组合式女性事务员服开始走俏日本。其实，坎肩最初本不在考虑范围之内，但为了防止夏季只穿淡色衬衫时会把内身显露出来，因此就加了坎肩，结果却成就了一套既显得精炼又不失"卡哇伊"的极受欢迎的女事务员服。也正因为是泡沫经济最盛期，有钱的公司玩任性，有一段时期，流行起了衬衫领子上刺金绣，某些部位如底边、袖口绣金线，采用华丽的格坎肩，看上去感觉已经脱离了制服的范畴，成为时髦装了。而且，制作女性制服样板目录时，模特一定都选白人女性，雇佣女性制服设计师动辄花费数千万日元的设计费，有些牛气冲天的公司为女性员工提供的冬装制服一套就达10万日元。

　　可是，好景不长，进入1990年代，泡沫经济崩溃，日本经济整体不景气，各企业为了削减开支，把在泡沫经济时期平均每套8万日元的制服一下子减到二三万日元，甚至更低，也

女事务员服

不请大牌设计师设计了，整个制服业也陷入低潮。以日本人的精细，他们又开始在制服的功能化、轻量化、实用性和耐久性上下工夫，于是开发出了可以改长短的制服、容易洗涤的制服、为防止坐下时露出大肚腩而特配的松紧带式制服等。最近，在节约成本的基础上，做了新改动，比如颜色丰富多彩的格子坎肩、花纹坎肩及采用各种式样的领子、兜和领结等，目的当然是给人以信赖感、清洁感的同时，还能表现出女性特色，以此为公司带来生气、活力。

另一方面，由于经济恢复漫长无期，而科技发展却是日新月异，因此，现在在一些大的写字楼已经开始流行IC卡了。一张IC识别卡以各种颜色的布带挂在脖子上，就有了制服的识别功效，因此，就开始有声音提出要废除制服，改为穿私服带IC卡。前几年有两家银行以合并为契机，废除了女银行员服，改穿私服，但合并后来银行储蓄的客人倒减少了，银行一调查原因，发现原来储户们来银行后看不到制服工作人员接待，心里惶惶然："连制服都穿不起的银行能有钱吗？值得信赖吗？"这家银行马上重新为员工配备了制服，之后客户数量才又慢慢恢复起来一些。可见，制服已经成为一种文化，深入日本人骨子里了。尤其是以女性为主的银行业等，没了制服，也就等于丧失了顾客的信赖感。即使是女性事务员不多的一些企业，如果缺少了靓丽的女性制服事务员这道风景线，无疑也会影响企业的形象和内部员工士气。所以说，"OL服"作为一种企业特色、企业文化，短时期内还真是不可或缺的呢。

六、女仆装

如果说民宿、旅馆、餐馆服务员的传统和式制服代表的是日本传统文化，那么今天日本服务行业那千奇百怪的现代甚至超现代的各色制服则是宣示了次世代服务业服饰的璀璨。这其中，女仆制服也是正在快速发展的一个另类，虽然女仆装并不是日本服务行业制服的主流，但还是有一定代表性的。在此以女仆装为例，从它的产生、发展来分析一下日本人对女仆制服有着怎样的一种思绪？看看女仆制服又代表了怎样的一种文化意象？

日语称女仆咖啡馆为"メイド喫茶"（音近'没豆磕啥'）或"メイドカフェ"（音近'没豆咖啡'）。从字面来看，这是指一种让客人能以主人的感觉享受仆人服务的咖啡馆。其实不

然，女仆咖啡馆发展到今天，已变成了集吃饭、品咖、游戏于一体的，可与女仆服务员互动聊天、拍照和玩如剪刀石头布之类小游戏的综合餐厅了。因此，称它为"女仆餐厅"倒更恰当些。

2001年3月在东京秋叶原电器街开张的Cure Maid咖啡馆，因其服务生的正式工作装就是女仆裙装，故被认定为日本第一家女仆咖啡馆。事实并非如此，早它十几年开张的一家叫"Anna Millers"的餐厅，当时就是以女服务生的白衬衫、红色背带迷你裙和心形胸牌的女仆装来招徕顾客的。据说，这家餐厅极盛时曾在东京开出二十几家店铺，也因此被称为"女仆餐厅鼻祖"。有说法曰：Cure Maid就是受Anna Millers的女服务生工作装启发才引入女仆装的。也有一种说法说Cure Maid是受近些年来在美国以热裤短衫的女服务生装引起轰动的猫头鹰餐厅之启发而灵感顿现的。但Anna Millers也好，猫头鹰餐厅也罢，卖的不过是汉堡、意大利面、炸鸡翅、薯条和咖啡等速食食品，竟然能门庭若市，经久不衰，显而易见，顾客是醉翁之意不在"餐"，而是为了"可餐"之"女仆装束"、可餐之"秀色"而来的。

Anna Millers的女仆制服火起来后，一路走红，许多日本的动画、漫画、游戏里的角色也开始穿着这种女仆装上阵了。

其实，女仆餐厅在秋叶原热火起来后，其周围也开了许多家类似的店铺，各家饮食的内容大同小异，就只有在女仆装上见高低了，这正是这类餐厅、咖啡馆的经营者们为争夺各类客人而着力之处。那么，发展至今，女仆制服都已经具备了哪些特色呢？

　　因为各家店的特色相异，所以不同的女仆咖啡厅，女服务生所穿着的女仆装也有所不同。有些人把女仆装分成维多利亚式和法国女仆式，绝大多数咖啡厅是以法国女仆装为范本。这些女仆装通常由上衣、衬裙、围裙及蕾丝头饰组成，脚上则通常会穿上丝袜。有时，服务生还会戴上兔耳或猫耳的头饰，以增添更多的吸引力。但不论衣物有多大变化，女仆装的配饰大多以白色为主。

　　维多利亚式女仆装受到了传统英国仆人服饰的影响，它最大的特点就是外观简洁。维多利亚式女仆装的裙子大都长及膝盖，或者更长，衣袖与法式女仆装相比也是较长一些，颈部也会被衣领包覆起来，多了些庄重，却少了点萌，看着有点像温文尔雅的治愈系，但事实上却明显不如法式那种"卡哇伊"的即萌又治愈系的女仆装受欢迎，这也是维多利亚式女仆装没能火起来的原因之一。

　　法式的女仆装相对于维多利亚式则开放很多。下半身一般是由一件短裙外加衬裙组成，裙子的下摆从膝盖直到大腿一半的都有，近来迷你到近乎走光程度的女仆装在那些在街上揽客的女仆中也时而得见。上半身则多为短袖设计，不一定都有领子，有些会故意让客人看到胸部，大胆者还会露出乳沟。至于女仆装的颜色，过去虽然有深色系的黑色、深棕色、海军蓝等，但今日，粉红色、白色、蓝色、绿色、黄色等都已出现，近来粉色女仆装更是随处可见，而围在腰部的围裙，通常是白色边上缀以蕾丝。围裙又有两种常见的类型：第一类是围裙仅穿在腰间以下，只占底部裙子正面一部分的样式。第二类则是自肩膀开始戴上，且涵盖了整个上半身衣物和裙子的正面。大多数女仆的头饰上还会装饰蕾丝边，有些还会附有猫耳。总之，许多饰品都可加进去，比如缎带、胸针等，以让客人觉得她们更有吸引力。有些女仆也戴眼镜（尽管她们可能并不需要戴眼镜），以吸引貌似"彬彬男"的欧吉桑（叔叔）们。如此装扮，再配上女仆们的萌萌的笑容，那就还真是称得上卡哇伊（可爱）了。

甚至在一些展销会、即卖会等现场，聪明的商家也开始引入女仆装解说员来招徕顾客。于是，女仆装彻底定型并红火起来。可以说，Cure Maid 的成功，应是以上诸因素共同作用的结果，老板只是抓住了这个商机而已。

商机和顾客的心理抓住了，还要有具体经营模式。Cure Maid 的老板首先在店面设计上打造了一个具有19世纪氛围的店铺，然后由穿着维多利亚时代女仆装的服务生，在这个宜人且私密的空间里，让客人享受仆人式的贵宾服务。其实，吃的就是一般的冷冻类速食品，但还要多收点费。所谓的服务也不过是女仆和主人聊聊天、玩玩游戏、照张相之类而已。但女仆咖啡一经面世，立时就使秋叶原系御宅族（宅男）们趋之若鹜。御宅族们平时沉浸在游戏、动漫之中，可以说对女仆装太熟悉了，当虚幻变为现实，也就难怪宅男们甘愿走出家门来消费现实中的虚幻角色了。

看到女仆咖啡馆旺盛的商机，趋利的商家们纷纷开始投入其中，秋叶原的女仆咖啡急剧增多，到如今已有20余家活跃在电器街周围。而且据说如果算上提供女仆装服务的酒吧、按摩店、免税店，秋叶原这个弹丸之地已经有了50家左右此类店铺。除此之外，女仆商业模式还辐射到了周边的池袋、新宿、涉谷等地，近两年更是走向日本各地甚至日本以外。现如今，北到北海道，南到福冈，以及加拿大、美国、澳洲、韩国、中国，也都开出了各类有女仆装服务的饮食店等，繁盛之火，早已呈燎原之势，几乎烧遍地球了。

女仆商业模式繁盛的背后又折射出了什么呢？

女仆装

这可以从经营者、女仆和顾客三个方面来分析。毋庸置疑，对于经营者来说，赚钱才是最重要的，所以，如何为顾客提供优雅环境、优质服务，进而让客人心甘情愿地掏腰包付出高于普通饮食店的费用就是他们的终极目标。而对于女仆服务生来说，可以穿着可爱的服装，扮扮萌，陪客人聊天玩耍，就能轻松赚到明显高于一般饮食店服务员的工资，何乐而不为呢？更重要的是，凭借这份工作，使得自己成为广受消费者欢迎的人物，从而有机会成为偶像，甚至幸运的还会被猎头公司看中，成为广告代言人或从此步入娱乐圈，鲤鱼跃龙门，这些才是萌女孩儿们对这份工作的热忱所在。至于女仆咖啡馆的顾客，主力当然是宅男，其次还有欧吉桑以及抱有猎奇心理的一般人士。宅男不消说，是女仆们的铁粉，女仆则是他们的救星，把他们从家里解救出来，使得他们那渐趋关闭的心扉再次打开，从这个意义上来说，女仆咖啡馆的存在，还是有其积极意义的。但是其中也有一部分宅男只是把女仆服务生融入自己的动漫世界，在现实与虚幻中继续自得其乐。欧吉桑则多是别有用心的"钓鱼"一族，来女仆咖啡馆，无疑是为了满足他们那跃跃欲试的别样心思。当然，其中也不乏只是想来女仆咖啡馆和女孩儿们聊聊天、找回一点青春感觉的阳光欧吉桑存在。顾客里还有一类工薪阶层，这伙人无论在家里还是在公司，都是被压抑一族。盼星星盼月亮，终于盼来了一个可以当主人的地方，哪怕是假的。所以，当他们被女仆装务生开门一句"主人，您回来了"问候的时候，才终于找到了翻身当主人的扬眉吐气的感觉。怀此种心理的欧吉桑虽可怜，但绝对是一个固定的顾客群。至于第三种猎奇者，无外乎是凑热闹，想知道女仆咖啡馆葫芦里究竟卖的是什么药而已。

有了以上这些因素，相信女仆咖啡馆还会继续繁盛下去。

七、学生制服的来龙去脉

1. 日本校服的起源

　　如果一定要说日本最早的校服，那一直可以追溯到明治天皇之父孝明天皇时期，孝明天皇在弘化四年（1847年）于京都首开学习院，后在维新之乱中停学，直到明治元年（1868年）3月才得以重开，4月改为大学寮，9月废止大学寮，改在九条家开设皇家汉学所，接下来在梶井宫也开设了汉学所，这被认为是日本历史上最早的唯一的官办大学。当时的制服是堂上老师穿"狩衣"（一种由狩猎服改制的和式常用服，类似于现在日本神社的神职人员服饰），学生着简易和式麻布衣裤。

　　明治维新初期，当时学校制度还未整顿，尚存在着由藩士经营的藩校，有名的有庆应义塾、功玉义塾和勤学义塾以及育英义塾等。以庆应义塾为例，当时的学生穿的是由外褂和袴组成的带刀和服，足蹬草鞋，但与武士有区别的是，学生只带一把肋插短刀。不过，当时汉学所的制服与上面所述义塾的这些制服略有不同，比如系裤钮的方法等，而且，汉学所的学生腰间必带一条儒巾用以擦手，这就透着一种儒雅之感。

　　不过，随着时代的进步，日本人越来越感觉到这种和服裙裤校装与洋服相比的不方便之处，于是，日本人开始琢磨学生服洋服化，而最早采用西式制服的是于1873年开校的"工学寮"（工部大学的前身）。根据当时的学生照片来看，那时，该校的学生制服为深蓝色的西服小翻领夹克式上衣，胸部有两条布竖带，腰间也有一条布腰带，锥形裤、绑腿，头戴前进帽，脚穿平底鞋。看上去有点不伦不类，感觉不像学生服，倒像电影里铁道游击队员的衣着，这就是最初的洋化的学生制服。

1879年，学习院以减少学生因贫富差距而感到自卑为目的，规定学生要穿着统一服装，采用的制服是以当时日本军服为范本设计出的男子立领校服。明治维新时的日本，政府沉溺于富国强兵的梦想之中，因此这种带有军事内涵的服装也就成为校服的首选。从此，从明治末期到大正初期，日本学校开始逐渐洋装化，结果就是各学校陆陆续续抛弃了传统的和装，穿起了我们现在在日本常见的黑色立领五扣学生制服。其实，要说它是准军服也可以，因为它本来就是由陆军军服稍作改动而成。

关于这种黑色立领五扣制服的由来，还有另外一种说法，那就是在明治十五年时，根据文部省的指导，首先在公立学校普及这款制服，最早是贵族院学校和东京农林学校先行采用，东京大学跟进，之后这款制服就逐渐变成中学以上学校的正式服装了。这么做，是因为传统的日本和装不适合军事训练和体操训练，同时以军服作为学生服也能让学生产生严肃意识，达到提振尚武精神的作用。

大正后期开始，男子校服没有什么大的变动，大多仍是采用明治时期学习院指定的这种黑色立领制服，女子则彻底抛弃了原来的和式裙裤褂装，采用了由福冈女学院大学院长伊利莎白·李（エリザベス·リー）于1921年提出的以英国皇家海军军服为范本的水手服装。之后，在1920年到1930年间，在教育家下田歌子等的推动下，这种水手女校服开始被许多学校所采用。

昭和中期，由于战争致使物资短缺，为节约衣料成本，政府开始对全国学校实施制服统一制度。1941年，文部省规定初中以上学校必须以国民服与战斗帽为学

明治时期学生服

校制服。战争结束后，规定才被废除，战斗帽也被取消。直至经济恢复，学校制服才再次普及，并发展为今天这些多姿多彩、广受欢迎的各式校服。

2. 日本孩子从幼儿园到高中都穿什么

日本孩子从上幼儿园开始便要穿着统一服装，一般分为普通的幼儿园服和游戏及体育活动时穿用的服装。体育用服还包括帽子，衣服相同，但帽子颜色各不相同，同一组戴相同颜色的帽子，一方面方便区分儿童的组别，另一方面在上学放学

时也方便路上安全识别。

上小学后，一般公立小学都允许学童穿着便服上学，但私立小学的学童一般都要求穿校服。男童装大多是白色上衣搭配深色半截裤。而女童装则包括了白衬衫以及灰色百褶裙等，也有的学校是采用水手服样式。无论是男童装还是女童装，除去上课装，还有统一的运动服，以便在上体育课和开运动会及课外活动时穿着。

中学的男子校服一般采用传统的立领制服，这种传统男子校服是学习院于1879年制定的，大多是白色衬衫搭配黑色外衣，也有些学校是以海军蓝或深蓝色作为外衣颜色。制服的特点在于脖子衣领处会变狭窄，这同时也是明治时期仿照普鲁士军队所设计军装的特点之一。纽扣由衣服下摆处一直扣到立领处。讲究的学校校服纽扣上还嵌有学校的校徽。裤子一般是黑色或深色长裤，腰系皮带。有些学校还会要求学生在脖子衣领处佩戴该学生的年级标签。传统上立领制服还会搭配学生帽，不过这项习惯在战后大多已经被废弃了。至于鞋子，除了部分学校仍要求穿皮鞋外，大部分学校都已允许学生穿着运动鞋上学了。无论是什么学校，学生都会被指定到专门的校服承制商那里定做校服，包括体育课和运动会时使用的运动服。而根据就读学校制定的规则，学生通常可以依天气状况自由选择所穿着制服的冬夏款式。但现在的一些学生为标新立异会故意挑战学校规定，不按规定穿着校服。如男生故意把校服袖子挽起，或者是直接将制服纽扣解开，打扮成一副二流子相。

女中学生的校服一般是水手服，水手服拥有特殊的领子及裙子，主要是由一件带有水手风格衣领的整齐衬衫，搭配百褶裙所组成。水手服有夏装、秋装与冬装等几种款式，随着季节的变换，夏季和冬季服装在袖子长度和裙子材料上会有相应调整。通常夏季校服看上去显得轻盈、舒适。而冬季服装的布料则较为厚实，有时会另外搭配黑色外套或长袖外衣以应付寒冷天气。不过，现在的女生为了展示自己的美，很多都花心思在这有限的布料上下工夫，比如戴配饰，穿着长且宽松的袜子堆在脚脖子处，至于裙子上挽变成迷你裙，那几乎已是所有女生的必做之事。

　　现在大多数高中采用的男女校服是西装式校服。据说原因乃是自1980年代起，日本的校园暴力和欺凌等事件愈趋频繁，成为当时一大社会问题，不少不良女学生将水手服的裙摆改长至地面，破坏水手服的形象，因此许多学校开始放弃水手服，改用西装上衣配上格子花纹裙的西式制服。而男学生的西式制服上衣部分一般由白衬衫、领带以及西装外套组成，部分学校会加上校徽。下半身多为深色长裤，且通常和西装外套不同颜色。女学生的

西式学生服

制服同样由衬衫、领带以及西装外套组成，不过下半身多是花呢格纹的裙子，少数学校女生制服也有采用深色西裤的。

3. 水手服的由来

单列一节来写水手服，是因为当下日本女学生的水手校服实在是名气太大了。

"水手服"，顾名思义本来是给水手穿的服装，它的特色是长而平坦的衣领，在胸口处形成一个倒三角形，有时还会绑一条领巾。后面那块四方形的布据说是用来维护头发清洁的，还有另一种说法则是说在海战时，这块布可以竖起来帮助士兵听取号令，以及在舰炮射击时可以保护耳膜。使用白色则是因为在黑暗中比较显眼的缘故。而衣领拉长至胸口，则是为了一旦落水后能马上甩掉衣服以便游水逃命，益处如此之多，1859年这种水手服就被英国海军正式采用为水兵正装了。

水手服本来只是单纯的海军军服，但在1864年的某一天，伊丽莎白女王看见后认为非常好看，就命人将水手服设计成童装拿来给爱德华王子穿，周围的人们一看，认为这是相当的"卡哇伊"，于是，这款儿童水手服立刻就在皇室中流行开来，接着就引起了一阵跟风潮，扩散至整个大不列颠岛，然后又传至法国，逐渐流行到欧洲各国。通常这款小孩儿水手服是给4～5岁的孩子穿的，男孩女孩的式样并没有什么分别。于是水手服成了儿童的一种代表性服饰，后来被贵族小学指定为制服之后，就成了一种正式服装。只不过当时还是给小孩使用，中学以上的学生并没有这种风尚。某种意义上，当时英国把海军士兵的制服缩小作为儿童制服，还含有一种从小培养孩子尚武精神的意思，英国海军当时是世界海军中的大哥大，从而也使得这种流行传播到了世界各地，东亚的日本受到这种影响则与日英同盟的建立有关。

1920年，当时日本还处于浪漫的大正时代，女学生的制服还是和服配上裙裤的和式风格。当时的女性受到洋化和尚武风气的影响，也想摆脱不方便运动的旧式服装，于是，京都的平安女学院决定率先改革，以欧洲学校的带腰带的连衣裙式的水手校服作为自己学院的女子校服，结果一炮打响，受到广泛好评，平安女学院也因此成为首先使用水手服的日本学校。不过，福冈女学院一直不认可平安女学院是日本第一个引进水手服的说法，原因是福冈女学院的校长伊丽莎白·李早在1917年时，就以自身在英国留学时穿的连衣裙水手校服为样本，委托太田洋品店给学院制作适合学生运动的校服了，为了开发便于运动的裙子而耽搁了3年，直到研究出了带褶的裙子，最后才在1921年全部完成，并被福冈女学院正式采用为该校校服。这款上身水手衣、下身百褶裙的校服一经面世，立即受到欢迎，很短的时间内就被推广到全日本，今时已经成为日本中学普遍采用的校服，并且又演变出夏装、秋装和冬装等数种样式。在细节上如正面衣领处，一般会有一个领巾或可爱的蝴蝶结造型的领结，领巾或领结则是由深蓝色、白色、灰色、红色和黑色等各种颜色组合而成，有的学校还以不同颜色的领巾、领结来区分年级。此外，水手校服的颜色也已发展出海军

四种水手服

蓝、白色、灰色及黑色等多种颜色。最早的水手服搭配的裙子长度差不多到脚面，但到了1980年代，这种样式就被广泛诟病已经过时了，于是，各校与校服供应商又开始研究修改，才有了上面介绍的水手校服式样。除了衣服外，鞋、袜及其他佩件等，部分学校也有规定，由学校提供。袜子通常是海军蓝或者白色，而鞋子则多为黑色或者棕色。尽管有这些规定，但一些爱好时尚的女孩仍喜欢在这上面做些不同的花样，如改穿长袜、膝上袜、裤袜或泡泡袜等。

由于日本人的恋物情结和对制服的特殊情结，水手服在现今的日本已经被打上了暧昧的标签，以至于一些学校受这种影响，不得不把校服改为西装校服。此外还有一些漫画、动漫等以女子水手校服为主题，创作出了吸引御宅族和欧吉桑们的无数作品。可以说，女子水手校服，在今后相当长的一段时间里，仍将呈方兴未艾之势。

八、洋服（西服）——日本的国民制服

日本人口中的洋服，现在基本上就是指西服了，不过，在过去洋服并不是西装的专用语，而是指所有的西式服装。

说起日本的洋服历史，要追溯到江户幕府末期。在文久元年（1861年）7月1日的幕府文件中，就有日本男性着洋装戴洋帽的记载："近来发现有偷偷穿'异国的筒袖'（洋服）戴异样'冠物'（帽子）的人在夜间聚会中出现。"当时，受幕府和美国签订的《日美友好通商条约》以及与西方诸国签订的《和亲条约》影响，幕府新设的武兵、骑兵、炮兵这3个兵种都采用了西洋式军服，但限定为只准军人穿着，庶民不可穿着，这大概是因为德川幕府曾发禁止令禁止庶民穿异国风服装的缘故吧，但还是有喜欢洋服的庶民偷偷仿制洋服穿，这也是幕府下发上述通告文件的缘由。《日本风俗史》认为，日本人穿着洋服始于此时。

庆应二年（1866年），被后世誉为"日本企业之父"的涩泽荣一随水户民部大辅访欧，为赶时髦，此君穿着自以为

很讲究的洋装出访，结果在到访地出席活动时被哄然嘲笑，原来，他竟然穿着自认为是晚礼服的厨子服隆重登场了。当时的日本人认为此乃"大耻"也，不过，倒也算是趣话一则了。

明治元年（1868年），由太政大臣（总理大臣）三条实美召集岩仓具视、西乡隆盛、后藤象二郎等研究日本服装问题，当时的外务卿副岛种臣举了中国历史上战国时期的赵国就是因采用了"胡服"才打败匈奴的例子，再加上西欧列强国军服便利性强的现实，因而得到欲强兵建国的西乡隆盛等人赞同，最后才决定了日本采用洋服的大方向。

明治三年（1870年），明治西化的急先锋伊藤博文首先在宫中推进穿着洋服，明治天皇穿上洋服大礼服也感觉很精神，于是决定天皇及皇后以及其他皇族在特定场合也要穿洋式礼服。自此，天皇家族的燕尾洋服也就成了皇室制服之一，留传至今。此外，西服套装也成为天皇家族的平常服装。接下来又完成了军队、警察、消防的服制全部洋服化的转换。紧接着，在第二年即明治四年（1871年），政府又发布太政官布告，大致是说日本传统服饰过长，影响工作，而洋服的便利性刚好适合工作穿着云云。于是，日本政府人员、公司职员、教师、医生以及铁路人员等所谓的日本现代化的建设者在工作中逐步穿上了洋装。等到明治二十五年（1892年），男子穿洋装在大城市已经很普遍了。

至于女性穿洋服，一般认为是从明治十九年（1884年）鹿鸣馆时期开始的，那时的上流社会，妇人穿着洋式的晚礼服、连衣裙随同身着燕尾服的男人们在鹿鸣馆夜夜笙歌，一派西洋景象。同期，明治天皇的皇后还发布了《洋装奖励思召书》，以奖励那些为国穿着洋服的女性，这也是当时妇人服改称洋装的由来。但此时，一般还只是贵族阶层的妇女穿洋服，女士洋服真正开始实用化则是在大正时期。受当时西方的自由主义风潮影响，一些摩登女性开始穿洋服，后来又演变出公交巴士的女车长的职业洋服等。而真正让日本女性下决心改穿洋服的是发生在昭和二年（1927年）的关东大地震和东京日本桥百货店白木屋火灾这两个大灾难，因为传统和服的不便而导致的大量死亡让日本女性彻底认识到了洋服的作用，此后，适合女性穿的洋服得到了快速发展，女性洋服自此与日本女性结缘至今。

明治十九年（1886年），日本官许的公会"东京都洋服商工业组合"正式成立，也就是今天的"东京都洋服商工协同组合"的前身。自此，日本服装洋风化更是加快了步伐。据幕府末年横滨地区发行的《万国新闻》记载，当时已经出现了帽子、鞋、洋服、衬衫、雨衣等的裁缝广告，并于横滨山下町开办了面向日本人的第一家洋服裁缝店。而东京的洋服裁缝第一号店是于明治六年（1873年）在银座开设的，据说店家还是受福泽谕吉劝说才开设的这家裁缝店。

洋风服饰顺风顺水发展半个世纪后，1929年（昭和四年）11月12日被定为"洋服纪念日"，同日还第一次在明治神宫举行了洋服纪念活动。时至今日，日本洋服已经走过了140年的历程，"洋服纪念日"也见证了日本洋服业的发展、壮大。如今，日本已经有了很多被世界认可的洋服品牌店，其中店名为"洋服的青山"的青山商事株式会社就是其中的佼佼者。

青山株式会社是1964年（昭和三十九年）也就是东京奥运会那一年成立于日本广岛的一家制造、销售男士西服的公司。从1974年（昭和四十九年）青山商事在广岛西条开出第一家"洋服的青山"店开始，到现在，短短40余年，青山商事已共开出791家连锁店铺，不仅上市，而且还在海外包括美国、中国等地都取得了不俗的业绩，并被《吉尼斯大全》认定为西服套装销售量世界第一的商家。不过在此要强调的是，青山商事制造出的这个全世界西服销售量第一的业绩，实际上主要是在日本本土销售的，而且客户还是单一的男士。可以说，日本白领阶层的男性，几乎都拥有一两套从"洋服的青山"买来的西服套装。每天无论是在电车里还是路上，或者是公司里，看着那些风尘仆仆、西装革履的日本男士，青山人肯定是笑的，也是自豪的，因为他们身上所穿的，大多是青山商事制造的西服，这样一种比比皆是的洋服，很难说它不是一种被日本男性普遍穿着的制服。

在日本除了一些特定的行业外，西服早已成为人们的常服，一身正式的西装就是日本男人必不可少的行头。穿上了这身西服套装，日本人似乎就自然产生了一种规范自己言行的约束力，循规蹈矩的谦谦君子形象也就跃然眼前。因此，某种意义上，西服已成为日本的国民制服，它代表的是日本男士整体的制服组形象。

洋服

九、丧服和婚礼服是制服吗

有人会问：丧服和婚礼服是制服吗？按严格意义上的制服定义来说，这两种服饰似乎不算制服，但如果从世俗风习来看，这两种服饰又都属于"被世俗风习所规定的统一的服饰"。

我们先来回顾一下日本丧服的历史。日本的丧服从颜色上经历了由白而黑，由黑而白，又由白而黑的3个阶段。《日本书纪》和《隋唐倭国传》这两本著作中都提到日本古代的丧服为白色，《续日本纪》中还提到在元正上皇、圣武上皇驾崩时日本全国着素服举哀的事例。所谓的素服，就是指没有经过染色的偏白的粗麻布本色衣服。直到718年（养老二年），《养老丧葬令》出笼，日本才有了正式的丧服出现，当时的《养老丧葬令》规定，天皇直系二亲等以上的丧葬仪式，参葬人员需穿"锡纻"颜色的衣服，就是染成灰黑色的衣服，近似于老鼠色。其实在这里，日本人是闹了一个笑话，当时日本是什么都学大唐，于是就在《唐书》中翻到了唐朝皇帝服丧时臣属们所穿的"锡衰"服的记述。其实，在《唐书》中记述的"锡"是指用灰汁处理过的一种麻布，处理过后是白色的，结果被当时的翻译者误认为是金属的"锡"，因此才弄出了这么一种灰黑色的丧服来。

这种老鼠色的丧服在平安时代的贵族阶层里被广泛接受并穿着，而且颜色也变得越来越黑，这是因为那时的日本人对于丧服已经开始有了以颜色深浅程度来表现失去亲人的悲伤、悲痛的程度的意识。到了平安后期，上流阶层的丧服基本上就已是黑色的了。而庶民则由于经济等原因一直还是延续着《日本书纪》中记载的白色粗麻布丧服习俗。可见，在当时，丧服实际上大体是分为两种的：一种是贵族阶层穿的黑色丧服，一种是庶民穿的白色丧服。但无论是哪一种丧服，整体看上去都是统一的着装。

不过到了室町时代，日本丧服又恢复了以白色为主，所谓的恢复其实只是贵族阶层的恢复而已。因室町时期是武家执政，天皇对武家、贵族的影响力已是江河日下，武家、贵族接触更多的是属下的庶民阶层。而古时的日本庶民通常都是认为丧服是穿给死人的，因此属于"污垢"之物，穿一次后就需处理掉，如果给布染色是需要经济成本的，这在精于计算的日本人心里绝对是不划算的买卖，所以，把白麻布染黑制成丧服也就一直未能在庶民阶层实施。幕府于是顺应大众，从室町时期开始，日本的贵族和庶民阶层的丧葬仪式就又都变成统一的白花花一片了，只有皇室因皇家规制不能轻易更改而一直沿用着黑色丧服制度。

这种被贵族阶层和庶民阶层广泛接受的白色丧服习俗一直沿用到了江户时期，葬仪时虽都穿白色丧服，但是贵族阶层按级别不同，从帽子到丧服配饰都有严格的区别，庶民则仍是沿用古习的粗布白衣，基本上与现在我国农村办丧事时的装束差不多。

到了明治时期，受服装洋化影响，贵族阶层的葬礼又开始出现黑色丧服，而且还是洋风的黑色丧服。这其中最有代表性的就是号称明治维新第一人的大久保利通的葬礼，这也是进入明治时期以来贵族阶层规模最大的一次葬仪，参加葬礼者包括皇族、大臣及华族。在这个葬礼上最令人瞩目的就是几乎所有参加葬礼的人员都是一身黑色大礼服、黑领带出席。以此为开端，在接下来的名人岩仓具视、英照皇太后及伊藤博文等人的葬礼上，还要配黑纱、黑包，就连女性也完全是穿黑色丧服。尤其是英照皇太后大丧期间，举国服丧30日，而且丧服有详细的规定，无论是穿和服还是礼服，也无论男女，基本颜色要求都是黑色，而且配饰如包、手套（穿洋服时）等也都要是黑色。到了明治四十四年（1911年），政府制定了《皇室丧服规定》，注明穿洋式丧服时，衣服为黑色，不能有光泽，而且要戴黑纱，其余包括帽子、帽饰、发饰、手套、扇子、伞、鞋甚至袜子等也都必须是黑色。在规定出炉的第二年即1912年（大正元年），明治天皇大葬时，就已是举国上下一片黑压压的场面。自此，日本丧礼就穿黑丧服了，而且，自那时起，参加亲友的"通夜"（守灵）、告别式也开始穿黑色丧服，黑色丧服彻底浸透日本所有阶层。

丧服穿到今天，以日本人的细腻、认真，丧服早已经发展出了一整套的行为规范。比如，丧服应以黑色或浅黑色为主，但是在穿和服的前提下，丧主和配偶可以穿白色和服。而学生、幼稚园儿童如果有校服或幼儿园服，则可以穿学校或幼儿园制服。警察和自卫队员也可以穿制服参加葬礼，但应把军

丧服

章等摘下。女性可以戴珍珠项链，一般以黑色为主，而且不可同时戴两条，因为那象征着"悲伤反复重来"，不吉。手提包不可有金属拉链等，所以一般以布制黑包为主。葬礼基本都是在佛前举行，不可带皮包，因为看见"皮"容易让人联想到杀生。还有鞋子当然是黑色的，但以不带鞋带的鞋子为好，领带也一定要黑色。总之，规矩多多，经常看到日本人的葬礼场面，那简直就像一场严肃的黑色制服大会。

这种黑色制服大会同样还体现在婚礼上。古代的日本人没有正式的婚礼，那时候儒教、佛教等道德规范尚未传入日本，他们盛行"乱婚""杂婚"，甚至还有跑去女方家扛上就走的"抢婚"存在。到了飞鸟、奈良时代，受大唐礼教影响，日本人终于知道结婚要先有媒妁之言，然后才能谈婚嫁。日本人采取男方向女方求婚的方式，具体做法基本就是学自唐朝。但有一条很有趣，就是直到幕府时代为止，日本结婚流行的都是"倒插门"，贵族男子结婚时才穿着"布袴"（正式束带礼装）去女方家倒插门，这大概也是今天日本人依然能坦然面对倒插门习俗的原因之一吧。

到了幕府时代，倒插门习俗才渐渐改为嫁女习俗，据记载，幕府六代将军儿子娶媳妇，那时候参加婚礼的人，执权（将军辅佐）以下的上级武士都是以武家礼装的布衣袴参加婚礼，这场婚礼服饰也为中世的婚礼模式奠定了基础。室町时期婚礼服渐趋复杂，参加者虽没什么太大变化，新娘的装束却是令人满目生艳了，虽然仍以白色婚服为主，但无论是质地，还是刺绣、嵌入的金箔，都已经比过去华丽不知多少倍。而且还开始实行结婚头两日穿白色婚服，接下来还要玩"色直"（新郎新娘更换其他颜色婚服）的做法。这个"色直"传到今天，已经变为在婚礼进行中新郎新娘数度更换婚服的习俗。新郎则穿室町时期流行的"素袄袴"（素袍衣裤）作为婚服。江户时代的婚服就更豪华了，新娘的婚服虽然仍以"白无垢"的白色为主，但已经出现了如小笠原流、吉良流等流派，饰品更是豪华起来，"色直"也出现了红、黑、蓝等各种颜色。明治时期贵族的新郎新娘的和式婚礼服和今天的已经没有太大的区别了，新郎一般是黑色"纹付羽织袴"（带花纹的羽织长褂裙裤），新娘仍然是以"白无垢"和服为主，只是发式、配饰更加多样。其实明治时期，服饰西化已经开始了，因此，在上流社会的婚礼上，也出现了洋风婚礼，新郎或着黑色燕尾服礼服或和服，新娘也是和服、洋裙装都有，参加婚礼的宾客也是和洋结合，可以说，这一时期是日本婚礼服走向多元化的开始。

大正时期也一直延续了这种和洋混搭的结婚礼服形式，直到进入昭和时期，洋装化婚礼服才多起来，那是因为女性洋风婚礼连衣裙服的出现，这种结婚礼裙在婚礼后再经染色还能另作他用，与传统和服相比，兼具经济性和简易性，因此得以发展起来。

结婚是美好的，但并不是所有的婚礼服也都是美好的，最惨不忍睹就是战时必须穿国民服的时候，男女结婚时也只能以国民服做婚服，新郎着土褐色国民服，戴战斗帽，新娘着灯笼裤，戴方头巾，想象着就有点寒酸。当时是所有国民都穿这种制服，结婚时新人加来宾，就像军队举行军服婚礼般壮观。

　　现代日本婚礼分为神前式、佛前式和基督教式几种，主要是对司仪和新人的服饰有特殊要求，男宾客现在都是以黑色西装白领带为主，女宾客则仍然是多姿多彩，穿和服者有之，穿洋风礼裙者也有之，不过，男女相同的一点就是基本以黑色为主。所以，每逢举行婚礼的时候，整个现场简直就成了一片黑色礼服的海洋。甚至男士连领带都完全相同，女士手包也是相同样式，无论怎样看，都觉得用"婚礼制服"来定义这种服饰才更准确一些。

　　不过，日本的婚丧仪式对于男性而言倒是有些方便，比

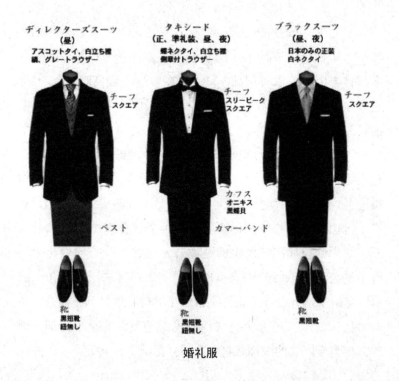

婚礼服

如同一天既要参加婚礼又要参加葬礼的情况下，黑色西服可以通用，所以只准备黑白两条领带就可搞定了（日本丧礼戴黑色领带，婚礼戴白色领带）。但女性遇到这种情况就比较麻烦了，即使都是穿黑色服饰，丧礼必须穿没有光泽配饰素朴的丧服，而婚礼正相反，一定要穿突出喜庆气氛的有光泽、配饰鲜艳的黑色礼服，因此女士就要准备两套颜色相同但风格迥异的丧礼和婚礼用礼服，这也算是婚丧趣话吧。

十、从囚服看日本人对制服颜色的重视

给犯人穿统一的衣服，这在日本也是古已有之，目的当然是为了便于监视犯人，防止逃走。太古老的年代犯人穿什么，日本历史上没有记载，到了律令时代（奈良时代），日本犯人才有了"囚人服"。据记载，那是一种由"半臂"（源于我国唐时称法，其形似衫去其长袖，成为宽口短袖衣）和"股引"（是一种腰部系有带子的类似紧身裤的裤子）组合而成的犯人服，颜色为冠位十二阶的最下层颜色的"橡墨衣"（即浅黑色）。不过这"股引"不大可信，《日本服制史》说股引是在安土桃山时代（1568—1598年）由葡萄牙传来的服装改制而成，如果此说属实，那也就是说公元1600年左右研究出来的裤子被公元七八百年的奈良时代的犯人给穿去了，这条"股引"穿越了八九百年。也许是自己也觉得心虚，到了镰仓、室町时代，日本人说那个时候他们思维超前，废止了徒刑，因此，相当于囚衣的服饰就再也找不到记载了，云云。

　　到了江户时期，各藩的记载显示，当时的男犯又穿回了半臂和股引，女犯或穿长衣或穿"半缠"（也是一种宽口短袖的简易和服，而且是三角形窄袖的那种），给犯人选取这类衣服做囚服，主要是方便犯人在服刑期干活儿。这时的囚衣颜色与律令时代不同，分为两种，一种是浅黄色，一种是橘黄色，采用如此鲜艳的颜色做囚服，也还是为了便于监视和防止犯人逃跑，这种囚服从江户初期一直使用到明治初期。

　　1872年（明治五年），监狱正规化，《监狱则》（即《监狱规则》）出台了，正式规定犯人的囚衣为赭色（即红褐色），由短衣、窄袖、股引等组成，而且还要在白色的垂领襟上写上黑色的囚房名和犯人编号。1881年（明治十四年），又规定已被判刑的犯人的囚衣颜色为赭色，少年犯的囚衣颜色为"缥色"（即浅蓝色），平时穿长衣，干活时着短衣。而女犯的囚服，考虑到女性的特性，常服皆为长衣，为防止自杀配"半幅带"（一种折半的女用腰带）束腰。犯人编号则用黑字写在外襟的白布上。到了1908年（明治四十一年），这时已经有了《监狱法》，《监狱法》规定，囚服分为甲衣（一般犯人）和乙衣（少年犯）以及各种男用、女用的囚服。一般犯人入狱时都会领到两套囚服，一种为平时装，一种为工作装。男犯囚衣包括上衣、裤子、衬衫，女犯囚衣包括上衣、下衣、和"襦袢"（一种和式贴肤内衣，有长短之分），而且无论是男犯还是女犯，在冬季还有类似中国北方棉袄的专用囚衣穿着，日本囚犯的待遇貌似自古就不错。

　　这种红褐色的囚衣一直使用到1933年（昭和八年），这一年根据《行刑累进处遇令》(类似中国的根据犯人表现给予奖励之类的规定)导入了囚服颜色区别制度,表现良好的一级为"霜降",霜降在这里指的是嵌有白色条纹的肉红色,二三级为"浅葱色"(即浅蓝色),四级为赭色(红褐色)。二三级的浅蓝囚服还被起了个爱称叫"青缠",四级的红褐色叫"赤缠"。不过,这种好景没能保持多久,随着战争的持续,日本战况恶化导致物资不足,监狱也开始节俭了。1944年(昭和十九年),监狱囚服统一为浅蓝色。但日本监狱还是人性化的,比如,被囚徒们深爱的"赤缠"就坚持使用到了1948年(昭和二十三年)。

时至今日,日本监狱的囚服已经完全统一,名称也由带有蔑视字样的"囚人服"改称为"官衣"。"既决囚"(已被判刑服役的犯人)的"官衣"分3种,一种为"舍房衣"(即平时穿的囚服),包括上衣、裤子、帽子等,衣服的颜色为带白条纹的灰色,夏天有短裤半袖,冬天配有坎肩;第2种为工厂衣(即干活儿时穿的衣服),包括上衣、裤子、帽子等,颜色采用黄绿色,冬天同样发放棉坎肩;第3种为睡衣,颜色采用带有黑色条纹的灰色。这本来就很人性化了,但对第一级表现优良的犯人更人性化地允许他们使用自己的睡衣,不知道优良犯人们晚上睡觉时能否找到回家的感觉。

再具体到犯人的内衣部分,一般来讲,内衣也属于狱方发放的"官物"(对囚服的人性化称法),背心和内裤都是普通的白色,但也有的"设施"(监狱的人性化别称)的内裤是蓝条纹内裤等。有些"设施",还允许犯人使用入狱时自带的背心、内

裤。总之，在内衣裤的
细节方面，日本监狱的
管理还是比较宽松的。
至于像"留置场"（拘
留所）之类的"设施"，
都是允许穿私服的，而
且在没有人给送换洗衣
服的情况下，警察局还
负责借给衣物，当然也
包括内衣裤。

囚服

　　从囚服也能看出
来，日本人对颜色是很
感性的，也是非常重视
的。根据日本《色彩心理学》介绍，蓝色，一般象征着严肃、
安定、稳定；红色，一般象征着热情、积极、欢喜等；白色
则代表清洁、纯真、纯洁等；绿色则表示新鲜、治愈、安乐、
年轻等；黑色昭示着阴气、厚重、安定等；黄色一般代表着
元气、明朗、豁达、愉快等；灰色，代表寂寞、冷淡、朴素、
沉稳、现实感等。表面上看，这些颜色所蕴含的寓意，也都和
我们差不多。

　　由《色彩心理学》所提供的各种颜色寓意，对比日本监
狱所采用的囚服颜色，就能看出日本人的良苦用心。从古至
今，无论日本监狱采用了哪些颜色的囚服，都是在潜意识里给
犯人造成一种既要严肃、沉稳，又需厚重、安定，干活的时候

还要明朗、积极的认识。而现在日本监狱里囚服使用带白条纹的灰色，因为灰色的压抑寓意，整体上使得犯人在穿着常服的情况下处于一种被压抑的状态之中，站在狱方执法的立场则恰恰起到了增加威慑力的作用。

最后想说的一个有趣的现象是，在日本，囚服居然也能成为一种时髦、时尚，一些模拟监狱的餐厅服务员要穿着囚服为客人服务，角色扮演到极致之处，居然还有客人自己穿上囚服，蹲在小号里，吃着由扮演狱警的服务员送的饭菜，真是令人大开眼界。

CHAPTER

03

第三章

制服的衍生产品

一、制服与群体意识

前面两章介绍了从古代到现代日本的各类制服，我们也大致厘清了日本制服发展的脉络。那么，这些制服体现出了日本人怎样的一种思绪？形成了一种怎样的制服文化？这种制服文化又对他们那独特的集团意识、集体归属感产生了怎样的影响？本章将着重探讨这方面的问题。

先来说说日本人的群体意识。日本人的"群体意识"，首先表现在他们总是会自觉不自觉地意识到自己是某个整体的一部分，自己与这个整体息息相关，同命相连，这个整体就是命运共同体。这种意识由来已久。日本自古以来以种植水稻为主，而水稻的种植必须与水利设施的建设和管理相互配合，协调一致，这种生产方式以及日本人当时所处的生活和生产条件慢慢滋生出了群体思想。因此，日本人的群体意识首先是由稻作文明所决定的。其次，古时候的甲胄、武士服、皇家服饰、公家服饰等所谓的制服，其功用虽然是区分身份和辨别敌我，也或多或少使日本人萌生了一些群体意识。到了江户时期，随着日本农村"村八分"习俗的形成，江户人已经真正意识到了集体的重要性，这对形成现代的集团意识可以说起到了很重要的潜移默化的推动作用。

所谓的"村八分"习俗，兴起于江户时期，指当时日本农村对严重违反村规、严重损害集体利益的村民所实施的进行孤立的一种惩罚方式。按照江户时期《御定书百条》之规定，在村落生活中，人与人之间的交往或者互助被定为"十分"，也就是十个方面，包括：出生、成人、结婚、建房、火灾、水灾、生病、葬礼、出行、法事。而对某人实施"村八分"，也就意味着全体村民有"八分"（即在八个方面）与其断交，只留下"二分"（火灾和葬礼）的交往。这"二分"的交往也是因为如果着了火而不去救助，火势蔓延有可能延烧到整个村落，而如果死了人不去帮忙的话，那么死尸腐烂会引起传染病，殃及四邻。因此，"十分"中的"葬礼"和"火灾"才被当时的村规列为不得不为的救助项目。日本古代实行的是户籍固定制度，某一地区之住民是不可以随便搬家的。并且，"村八分"还具有连坐性，也就是一人违规，全家受牵连，都要受"村八分"处治。甚至有的地方连神社也参与"村八分"，即以神的名义制裁被"村八分"者，这就意味着，违规者将失去最后的精神寄托。想象一下，在古代日本文化中如果被"村八分"了，就要忍受所有村民的鄙视和歧视。某种意义上，"村八分"使得日本人的群体意识得到了空前的巩固。

当代日本，"村八分"已很少在日本人的口中听到了，但"村八分"现象并未根绝，不但偏远农村仍以江户时期的状态存续着，而且还被都市人重新演绎。比如一个人在集团内（可以是公司、学校等各种团体）一旦被大家心照不宣地定为坏人时，就面临着陷于被人疏远、孤立的状态之中，即使不是所有人都讨厌你，这些不讨厌你的人为了不被认为是你的同党，也会选择与大多数人一样孤立你。日本是个岛国，古时候限于户籍规定不可迁居，今日在公司里也是限于"年功序列"制度等的约束而无法轻易言去，所以，一旦被"村八分"，就将无立锥之地。日本的自杀人数在发达国家排名首位，每年全国自杀人数达3万左右，谁能说这与"村八分"的阴魂不散没有关系呢？

而且，日本人受岛国根性局限，内与外的意识十分强烈，当日本人和自己人在一起的时候，对其他的人就表现得非常冷漠，特别在对方处于劣势的时候，敌意与优越感更是显而易见，这也就形成了日本人的"非社交性"。

这还是未考虑制服因素的日本人的群体意识，那么，自从日本人有了制服意识后，制服对日本人的群体意识形成起到了怎样的作用呢？

独特的岛国文化，再加上单一民族，使得日本得以长期保持"独特性"。因此，日本也一直被认为是一个保守的民族。虽然二战后日本被美军占领过，但是日本的独立国家地位并没有被破坏。为了维持这样的"独特性"，内部自然就会生出"组织性"和"保守性"这两种民族性格来。象征着组织性和保守性的制服的功用就显现出来了。有制服的存在，就可以很明显地区别于他人，同时对和自己穿着同样制服的人也很容易萌生亲近感、群体意识，这也是日本人从潜意识里就喜欢制服的原因之一。而提供这一切的平台是团体、企业、学校等组织。因此，确切地说，日本人更崇拜固定职业。

　　认识到这一点，只要有能力的日本企业一般都会制定公司的制服以提供给员工在上班时穿着，以让员工时时感到自己是集体中的一员，是公司的主人之一，从而在工作中慢慢培养员工以公司为家、以组织为家的潜意识。当这种"潜意识"逐渐转变为"有意识"的时候，公司的目的也就达到了，员工会全心全意为公司打拼，企盼公司会更好，这样也能给自己带来更好的待遇、收入。一个人的力量是有限的，而当整个公司拧成一股绳，努力的结果自然是公司越来越好，同时越来越好的公司也会用增加待遇的方式来回馈员工，而且工资和奖金与员工的工作年限和个人努力成正比。当然，在这样的公司制度下，为了工资奖金的不断提升，人生价值能最大地得以体现，一般日本人都会在一家公司做到退休，这就是日本企业著名的"年功序列制"。如此良性循环才使得日企最终不仅在日本取得了卓越的成绩，而且在全世界也是战绩骄人，在世界名企里日本企业数量之多就是最好的注释。不过，随着科技的不断进步，产品的更新换代迅速，一些日本大公司也跟不上时代的步伐，从而处于低潮状态，对"年功序列制"诟病的声音也不断传出，日本年轻人跳槽现象也越来越多。但不可否认的是，在一个相当长的时期里，正是日本企业员工的努力，才造就了日企的辉煌，归根结底，群体意识、团队精神才使得日本得以荣耀到今天。

　　其实，学生制服同样也经历了这样一个过程。日本学校把穿校服的益处归纳为学生穿制服首先可以培养群体精神和归属感，其次能够反映出平等思想，最后还可以起到保护学生的

制服可以带来群体意识

目的。对于学生而言，一身漂亮的校服也让他们自幼就萌生出群体意识，这对他们长大成人后群体意识的巩固，无疑是有着积极作用的。日本学生在面临毕业时，好多人都为告别校服而难过。此外，在军队、警察、服务行业等各行各业，制服的群体意识时时提醒着日本人是集体里的一员，从而鞭策日本人以集体为荣。

二、制服在国家机器里的角色扮演

2015年8月25日，在东京新桥站附近的"交番"（派出所）前，警员们穿起明治时期的警察制服举行了纪念仪式，以纪念"交番制度"诞生。8月25日是日本明治初期"交番制度"的开始日，这一天也被定为"交番之日"。

日本警察史料记载，1871年，政府开始采用"逻卒"（警察）以"屯所"（警署）为中心执行巡逻任务。1874年，东京警视厅正式成立，"逻卒"改称"巡查"，分配到东京各处的"交番所"。这被称为日本警察制度的开始，也被视为警察制服制度的开始。

日本人称他们的制服制度已经有150年的历史，150年前，刚好是江户末期、明治初期的时候，正是警服开始使用的时期，但日本人并没有明确地说他们把警察制服的开始视为日本制服制的开始，这倒符合日本人爱玩模糊历史的套路。

其实日本人说自己的制服史有150年还是谦虚了。实际上从推古十一年（公元604年）开始实施的"冠位十二阶"制度（律令制度）按十二阶划分的官服，虽然是学自大唐，但某种意义上已经属于官家专用服饰了。所以说推古皇朝就已经有制服了。粗略算下来，距今可是有1 500年左右的历史了，差不多达到日本人自己认定的150年制服史的十倍。

自那时起，接下来的历届统治者，无论是公家主政还是武家当家，制服都是贯穿始终的，而武士的装束更不用说，那就是古时的军服了。历代皇室的服饰也在不断地改变、完善中。到了明治时代，明治天皇自己就有平常服、祭祀用礼服、登基礼服及洋服式的礼服、军服等，可在庶民看来，那些都是皇上专用的制服。当然，皇后、皇室成员及为皇室服务的宫内厅人员（包括烧火的、做饭的、洗衣的、打扫卫生的、捉耗子的、喂猫的等）也都有规定的服饰衣着。这些其实都符合关于制服的"一定的集团或组织的所属者被规定穿着的服饰"的定义。从这些来看，日本制服历史又何止150年呢？不过，因古时候穿制服的几乎都是官员和武士，所以，古代的制服，其实也可以说就是官服。如此，日本国家与制服的关系在古代时期就可以看作是国家与皇室、官员的制服等阶、权力象征的关系了。

至近代，穿用制服的目的被进一步明确，除去民间企业和一些民间的机构、组织外，由政府主导的部门、机构以及军队、警察等特殊部门的制服都是有明确规定的。

制服定义里明确指出，采用制服制最重要的目的就是区分组织内部和组织外部之人，以及组织内部人与人之间的序列、职能和所属关系等。如属于公务员的自卫官、警察官、消防人员、海上保安员等，这些军人、自卫官和警察官等的制服上还都要带有官阶章、所属章、部队章、资格章等徽章。而且这类制服的制式（设计、色彩、材质）也都有严格的规定。同时，此类制服还含有明确显示上下关系、统治关系的命令系统的作用。拿日本自卫队来说，无论是航空自卫队，还是海上自卫队或者陆上自卫队的干部（士官）服和曹士（下士官兵）服，设计式样、配饰等也都有明显区别，只有这样，才能在需要时可以迅速明确上下级关系，做到如臂使指。

如上所述，由国家主导的制服体系，除了规定严格，还非常强调制服本身表现出的身份、职业等特征，像司法、治安、保安、防灾等部门对制服这方面的管理、要求都是极高的。而且，某种意义上甚至可以说像军警、司法、消防等部门的制服，它们本身实际上就是身份证，是强势的身份证明。还有另一种说法则认为军服、警服与法袍是国家机器的外衣，其实，也可以说这些国家控制的制服部门是国家强大的工具。

即使不是由政府直接操纵管理的企业、组织甚至个人制服体系，其实也都可以纳入"制服国家"这个大概念之下。之所以特别提到个人，是因为近些年日本也有一种个人日常着装制服化的倾向，也许是出于日本人口头禅的"面倒"（麻烦）吧，也许真的是一股小小潮流，或许是日本制服文化又开了一朵新花。总之，一些日本人个人的平常服在向固定化发展，什么意思呢？就是平时只穿一套衣服，这套衣服可以是西服，也可以是T恤牛仔，出于换洗需要，相同的衣服会买几套，所以，让人看见其穿的永远是一套相同的衣服，这也就只能用"个人制服"来形容它了，而且据统计这类人还在不断增加。那么，整个日本就可以看作是由个人制服、集体制服、特定制服等组成的制服国家了。而无论是哪种制服，穿上了制服就有了自律意识，就会在制服外衣下按部就班做好自己的本职工作，而上层（包括国家），只要做好宏观调控就可以了。其实，日本的整部国家机器就是在这种按部就班的运作之中被推向前进的，而制服，无疑在其中起到了规范、润滑的作用。

在日本由选举产生政治首脑，然后由首相任命各省厅大臣，那么，政治家或大臣，他们懂各省厅（部委）的具体业务吗？答案当然是否定的。不过，他们只需去宏观调控就可以了。因为各省厅、强力执行部门平时都在"制服组"（指负责具体实务运作的部门或人）的率领下按部就班地运作着，根本不用大臣操心，所以，日本人说，所谓的大臣其实不过就是首相在做一出论功行赏的"秀"罢了。有了总览实际运作的"制服组"，大臣只负责当官就可以了。主管事务的"制服组"才是驱动国家机器正常运转的真正操舵手，而大臣也就是在扮演一个"制服组"头儿的角色罢了。

国家机器离不开制服

三、制服在企业里的角色扮演

简言之，制服对于企业来说，就是企业的"脸"，而穿着公司制服的人，可以说就是每天都背负着公司这张"脸"的"看板"。那么，企业为什么让员工穿制服？员工从"被穿"到"喜欢穿"制服，又经过了怎样的心路历程？制服在企业里究竟扮演着什么样的角色呢？

从制服的定义来看，所说的集团和组织主要涉及国家、公司等。看日本制服史我们知道，大多数日本企业之所以采用制服制，最初是因为企业基于制服的意义和功能等实用价值的考量，意识到制服对于企业的重要性，从而出于企业需要设立了制服制度。当然，随着制服的发展，今天其功能得到进一步的完善，并已经形成了多彩的制服文化，使得日本成为真正意义上的制服大国，不，应该说是制服王国，因为没有哪一个国家能像日本一样，把制服业发展成如此色彩缤纷的支柱型产业。

企业采用制服最原始的目的就是为了区分内部和外部之人员，当然也是为了区分组织内部人员的序列、职能、所属等。企业通过让员工穿相同的制服，从而使得员工潜意识里产生并增强连带感，提高员工的自尊心和纪律性，并进而生成对企业的忠诚心，这些也是企业期待通过制服潜在的同类因素欲达到的效果。精明的日本企业总是想尽办法使他们的投资回报最大化，因此，企业同样期待员工穿着公司精心准备的漂亮制服能影响到其他人，让他们看到该制服而产生也想穿的愿望，进而就产生想加入这个组织的愿望，从而使制服成为引进人才的一个途径，以使制服功能得到最大化的开发和利用。

从制服定义我们还知道，同类统一的服装都属于制服范畴，也就是说，制服是统一服装的总称，但按日本的习惯来说，提起制服，人们首先想到的应该是西服套装加衬衫领带，事实上也确是如此，在日本如果说制服，一般就是指西服和衬衫领带，再就是宾馆、航空公司等的特殊统一服装也被称为制服。而工厂、搬家公司、渔业公司及建筑公司之类的统一服装，日本人习惯称其为作业服，至于饭店、商店等服务业的各类统一服装，我们一般统称其为工作服，而日本一般是以职业区分，都有自己的专有名词，如护士服、清扫员服等，但一般不叫工作服，因"工作"二字在日语里的意思颇微妙，比如日语里所说的"工作员"，那基本上就是间谍的意思了。不过，在日语里有一个词却是除去制服用在哪儿都合适的，那就是"悠你后母"（英语uniform的日文音读。工作服、运动服、建筑工服等都可以使用），不过它实际上是外语，也算是一种对统一服装的时髦称呼吧。

我们知道了制服的概念，知道了制服的大体分类，也知道了企业采用制服的原始目的，那么，具体来说，制服在企业里都扮演着什么样的角色呢？

一般来说，企业如人一样，有一个形象上的问题，这些形象可能是高楼大厦，也可能是铺天盖地的广告，但最能生动和随时随地体现出公司形象的，则首先是员工的形象，而员工的形象又首先是体现在制服上的。所以，作为企业，需要力图通过制服创造一个良好的企业形象，并使这种企业形象通过制服从视觉方面体现出来，这是企业非常重视的一件事情。虽然企业形象可以通过各种方式表现出来，但无可否认的是，作为企业的"人"无疑对企业形象的展现起着极大的作用，那么，如果把展示企业形象比作一场戏的话，企业"人"是演员，而制服当然就是演出服了。通过"人"和演出服的和谐搭配、精心演绎，就展现出了企业的外在形象。美国有个心理学家，曾在

1971年提出了一个叫做"关于人的印象的法则",他认为,对人的第一印象在最初接触的3～5秒就决定了。那么,对于精于观察的日本人来说,看准一个穿着制服的人甚至不需3～5秒钟,你是一个什么样的人、从事何种职业,甚至是否可信、是否诚实等都能从制服里体现出来,从而给个人乃至公司带来正面或负面的影响,可见,制服之于个人和公司形象的重要程度。此外,经过实践检验,日本人还认为想转换原有的公司形象时,重新制定制服效果也是非常好的。他们认为制服样式和颜色的改变,会成为顾客和业务合作公司改变对本公司印象的一个契机。同理,在企业合并、周年纪念、新业务开始以及世代交替、战略转换时,制服的重新设计制定也是企业改变形象的一个好机会。当然,只是改变制服是不够的,同时鼓舞员工士气,教育、管理双管齐下,才是提高企业品牌的最重要举措。

　　制服还可以使员工和企业的连带感和一体感得到增强,会自然产生和谐的职场环境和工作氛围,从而产生企业凝聚力,使得企业管理统一化、简素化,产业链得以良性循环,达到创造良好经济效应的目的。此外,通过员工穿着制服,长而久之,还能树立起自己的企业文化来。制服能反映员工的精神风貌,体现出一种企业的文化内涵,而设计独特的职业装,还能体现企业的价值观,比如深色调和保守的职业装能够体现企业的稳健作风,而颜色和款式设计大胆的职业装则能体现企业的创新精神等。日本就非常重视颜色的寓意和搭配。制服的颜色同样也很重要。一般来说,服装的基本目的首先是给人清洁感，而不是美，美是通过最基本的清洁感和其他各种因素配合而产生的。制服也是如此，在清洁感的基础上，依据各种颜色所被赋予的各种感觉制定自己组织的制服也是很重要的企业经营术之一。比如护士服选择白色或粉色，那是因为白色被赋予了"清洁、纯真、洁白"等寓意，而最近出现的粉色护士服则是取其"可爱、温馨、青春、明快"等寓意，这些寓意正是患者所希望有的。

制服还可以规范员工的行为，上班时一穿上制服，就能使员工马上意识到自己已经进入工作状态。其实，日本人这一点就做得很好，因为在他们从小到大的生活中，制服的"规范意识"早已渗入骨髓中去了，走向学校也罢，走向工作岗位也罢，对于他们而言不过是需要熟悉一下新东家的规则玩法罢了，至于其他的行为意识、工作规矩，只需按部就班即可上路了。

工作服的功能性也很丰富，即使工作中弄脏了也不会太在意，而不会像私服那样处处小心。也就是说穿上制服后，就不用为服装而费心了。而且制服尤其是工作服都是公司为员工精心定制的服装，它本身的合身的功能性也会让员工能够轻松自如地从事工作活动。

达到了这些要求的制服，它在组织内的作用就不仅仅是"所属、规制、规则"的象征了，而且还充当着企业形象，同时也使得穿着者的精神面貌积极向上，使得企业和顾客之间的信赖关系得以提高。

近两年，日本的公司、个人信息泄露事件相继不断，公司物品在光天化日之下被搬走也不是什么新鲜事儿了。因此，最近从制服上开始警备的提案越来越受到重视，比如设计制作带有条形码和RFID识别标签的作业服以防范不法事件发生，以及用过不穿的作业服的报废管理等。

说点有趣的事。日本人在公司里穿衬衫基本是穿长袖，为什么呢？因为日本人认为上司穿短袖衬衫显得不严肃，会让下属感觉不到上司的威严。至于下属呢，精于计算的日本人认为在上司眼里，穿短袖衬衫的下属和穿长袖衬衫的下属相比，通常穿短袖衬衫的人迟到的机率更大，而且，短袖露出胳膊还会给人一种穷酸的感觉。有如此理由，那么在日本职场很少看到穿短袖的人也就理所当然了，这也算是制服的另外一种角色扮

制服是企业的门面

演了吧。

这是题外话了。综上，可以说在日本，制服之于企业，企业之于制服，就有点焦不离孟、孟不离焦的感觉，由此，我们也就懂得了日本之所以成为制服大国和制服强国，是自有其充分理由的。

四、制服的归属感与忠诚

归属感具体是指什么呢？一般意义上来说，归属感指个人感觉自己被别人或被团体认可与接纳时的一种感受，是自己属于某一个集团的一种自我意识。这个集团可以是企业，也可以是学校或者民族等。

企业归属感通常是针对企业的员工而言的，所以，确切地说，应该叫员工企业归属感。也就是指员工经过在企业的一段时期的工作后，在思想、感情、心理上对企业产生了认同感、安全感、价值感、工作使命感和由此衍生出的成就感等，这些感觉最终转化为员工的企业归属感。但在日本，一般日本人通常不讲归属感，而是说"归属意识"，似乎更强调"意识"二字。毕竟"感"给人更多的只是"感觉"之意，而日语里的"意识"却不只是指"意识到"，更重要的是引导员工在潜意识里要时时意识到自己是归属于公司的这一概念，这里，强调的是"时时"和"归属"，侧重之处不言而喻。

那么，日本公司、组织注重让员工穿着制服，是要通过制服给员工带来一种什么样的心理影响？塑造一种什么样的

"归属意识"呢？

可以说，个人对于企业或者团队的"归属意识"是通过制服给人们心理、行动上带来的一种制约，当然，对个人之于组织的连带感、一体感的助长也是同样道理。因为有了"归属意识"，从而让作为公司或者组织之一员的个人时刻意识到自己是集体的一员，因此在行动上不能给公司或者组织抹黑。此外，在一些人气高的名企，穿着它们的制服，还能让作为这种集体其中一员的个人感受到自己社会地位的不一般，唤醒他们"我是这一行的专家"的自豪感。另外，穿着相同的制服，因相同的"归属意识"，还能被素不相识、穿着同样制服的人视为"同行""伙伴"，从而产生自然的信赖感。比如，穿着白大褂的人不用说就会被医生、护士等医疗系统的人视作同类。同样，这样的感觉在警察、消防队员、军人等特殊职业里表现得就会更突出一点，这些，都是通过制服让员工产生"归属意识"。

当然，除去这些，还有很多由"归属意识"产生的对个人心理的影响，但仅以上述这些例子，就足以说明制服对于个人、团体的重要性。也正因为这种"归属意识"的心理影响，才潜移默化地形成了员工对企业的一体认识，从而使得企业、组织得以如鱼得水般地驾驭成员，获取最大利益。而当企业获得经济效益后再反哺员工，那么，员工对企业、组织的归属意识自然会更强，进而使得自己作为企业一员的群体意识也更强，如此良性循环，企业自然会得到更好的发展，这也是企业、团体对为员工提供制服从而植入"归属意识"这件事乐此不疲的根本原因。

以上所阐述的是员工对企业的归属意识，一般来说，在整体的"归属意识"方面，日本学生的制服与企业员工制服有着异曲同工之处，但作为一个特殊的未成年的群体，他们的"归属意识"还是有着不同于企业员工之处。

虽然日本的绝大多数学校（除去大学）都采用校服制，但对于制服的存续正确与否，一直都是议论不绝。一般情况下，专家们在讨论校服存续与否时，都会在"是重视平等，还是重视个性"方面纠缠不休。主张重视个性的人认为，校服使学生陷于随众意识之中，扼杀个性；但主张平等的人则认为，正因为校服的随众性，才使得学生能感受到平等感，减少欺辱事件发生，从而增强学生的自信度。至于个性，完全可以从学生的行动和语言中发掘、表现出来，根本用不着非得从衣服上来体现个性。而且，校服还可以培养学生的一体感，推进人与人之间的非差别性和平等性的发展，促进学生归属意识的形成和增强。而由校服产生的归属意识同时也制约了学生不去做坏事，并使得学生专注于学习，这些都是经过调查显示所得出的良性结论。所以，虽然"公说公有理，婆说婆有理"，但从目前日本学校采用校服的数字看来，对校服持否定意见的显然是输于校服支持派的，很明显，穿着校服给学生带来的一体感和归属意识在其中起到了很大的作用。

还有一个有趣的现象也能从另一个侧面说明归属意识对于学生的重要性。学生们在学校每天都穿校服，日久生厌的人自然会增多，这些人恨不得早日脱掉校服，奔向那充满诱惑的社会，但相信很多人都有这种感觉，那就是等自己真正临近毕业要脱掉这身穿了几年的校服时，会突然产生一种没穿够的不舍感来。因此，每当学生临毕业时，就会发生一个有趣的现象，那就是穿校服的学生会越来越多，因为他们终于感觉到校服的"期间限定"（只有在一定的期间内才可以享用的东西）特性，从而对即将没有机会穿校服这个事实感到难过，不愿接受，所以，在毕业典礼前后，学生们的心里是充满矛盾的，他们既有对即将走向社会的憧憬，也有对校园生活的留恋，对校服的留恋……实际上，学生们临毕业时的这些矛盾心理，不仅仅只是留恋学校和校服那么简单，骨子里还有着对即将失去学校这个集体的"归属意识"的一抹落寂，一份怅惘……由此也

制服可以带来归属感

可见我们所说的"归属感",也就是日本人口中的"归属意识"在日本人心中的分量了。

议论制服与"忠"的关系,就不能不说说日本人的"忠",而欲说"忠",武士和武士道就绕不过去。

武士,是自平安时代中期以来存在于日本古代社会的一个社会阶级,被废除于19世纪后半叶的明治维新时期。在镰仓时代,随着武士阶层社会地位的提高,日本逐渐形成了关于武士的伦理道德规范——武士道。武士道,也即武士道精神,是日本封建社会中武士(俗称さむらい,汉字写作"侍")的道德规范。武士道是基于中国儒家所提倡的如义、勇、仁、礼、诚、名誉、忠义、克己等综合形成的一种理论。它认为只有履行这些美德,一个武士才能够保持其荣誉,而丧失了荣誉的武士就不得不切腹自杀。《武士道》一书的作者新渡户稻造更进一步指出,对武士来说,最重要的是背负责任和完成责任,死亡不过是尽责任的一种手段而已。如果没有完成责任所规定的事务,那简直比死还可怕。

明治天皇时期,武士阶层虽然最终寿终正寝,但武士道精神却被传承了下来,而且被精明的日本人融入文化、教育、军队、商业、企业等各个方面。比如说从商业方面看,有着日本实业之父之称的涩泽荣一(1840—1931年,生涯横跨明治、大正与昭和3个时代)就强调道德经济合一的经营管理思想,这也就是他的《论语与算盘》之中心思想。可见,与明治天皇同期的涩泽荣一在武士制度被废除的同时,就已经把武士道的道德、忠诚等思想融入商业经营里面了。事实证明他是成功的，他得到的如"日本企业之父""日本金融之王""日本近代经济的领路人""日本资本主义之父""日本近代实业界之父"等一顶顶桂冠就足以说明问题了。

而这种"忠"的文化观念同样也渗透到日本的企业精神当中。日本企业对员工忠诚心培养的重视在全世界都堪称楷模。日本企业家把传统的"为主君效忠""对家长绝对服从"等主从观念成功演化成为一种"一切为了企业""做企业的忠诚员工"的企业文化。那么，制服在员工对企业的忠诚方面又起到了一个怎样的作用呢？

日本公司在从精神上对员工进行"忠"之思想的灌输、洗礼的同时，也在员工形象上不遗余力地努力着。表面上的第一形象就是制服了。通过让员工穿上代表公司的会社制服，简称"社服"，潜移默化地让员工增强团体意识，提升归属感。当这一切水到渠成之时，员工就已变成彻头彻尾的"社畜"了，但请不要会错意，这里所用的"社畜"二字，绝不是贬义词，因为员工是心甘情愿的。是"社服"使得他们在忠诚之上，更加有了一种"同一感""连带感"，从而把自己视为公司这个大家庭的一员，从此，有了与公司这个家庭、社长这位家长及其他兄弟姐妹成员一起休戚与共、祸福同享的意识：在工作中以公司为自豪，无偿加班，爱护公司一草一木，时时有着维护公司形象的自觉，甚至鞠躬尽瘁，过劳而死……

每年的4月1日，日本各大公司都会举行新职员入社仪式。这一天，所有新职员不分男女，绝对是穿统一的黑色或深蓝色西服参加入社仪式。这是日本"新社会人"的统一制服，没有人规定过，属于日本社会的约定俗成。这一天，一般都是公司社长亲自到场致辞。内容无外乎是激励新员工要尊敬先辈，精诚团结，为了把公司发扬光大而努力工作之类的场面话。新社员们则在一片黑压压的制服的庄重感和由这统一服饰所渐渐凝聚起来的团队精神的烘托下，开始热血沸腾，准备为公司努力奉献。社长致辞多了，这些致辞再经公司内的专门人士分门别类，最后慢慢就形成了公司的"规章""守则"等。像三菱、松下、丰田等大公司还都总结归纳了什么"三菱精神""松下精神""丰田精神"等诸多精神，实际上其内容都大同小异，无外乎是鼓吹对企业的忠诚，对工作的热爱，愿意为集体的利益牺牲休息、娱乐、家庭生活等个人的利益，以及为企业献身等。据调查，在新入社员中有为公司效力终身思想准备的居然占总数的70%，这应算是"生命诚可贵，'忠诚'价更高"了。

所以说，仔细分析，日本人对企业忠诚的背后，是时时刻刻都有制服的影子存在的，正是每天穿在身上时间最长的制服，让日本人在潜意识里时时意识到自己是集体中的一员，是必须忠于这个集体的，因此，完全可以说日本人的制服与忠诚是成息息相关的。

五、制服文化

要说日本的制服文化，还得从制服的定义说起，通过制服定义的种类和意义、目的以及功能，尤其是通过制服在各个领域的实际使用中所衍生出来的种种变化等，自然形成了具有各种特色的制服文化。

首先，在日本，不管你扮演着什么样的社会角色，如企业员工、公司职员、店员、服务员或其他职业，无疑都与制服有着紧密的关联。太古老的如贯头衣这种单一的统一服饰之类就不说了，大约公元6—7世纪时，皇室、贵族、朝臣的服饰及一些商号、饮食业等行业制服拉开了日本制服史的序幕。从广义来说，如前面所述，那时候的朝廷官员依照不同官阶所穿戴的服饰其实就是一种制服。尤其是神职人员更是以与众不同的统一服饰来证明自己的身份。商铺的"小二"们一般都穿着染有"屋号"或"商号"的外衣，公家和武士所穿的虽然都是和服，但依据其职能以及身份、官职的不同，在细节上有很大区别。甚至，因当时布料单一，庶民的服饰也都大体相似，看着就像统一的制服一般。直到江户末期洋化开始为止，虽有细节变化，但日本的整个古代时期基本上就是穿着这样的服饰，这应该算是日本制服文化的萌芽阶段吧。

明治西化后，日本制服的最大变化就是政府、军队制服的洋化，这与战前、战时（包括一战和二战）的制服同样，当时强调的主要是统一性、纪律性、实用性和节约性。其实，那时的制服就是当时政治气候的外在体现了，所以，那段时期应该算是以政治为主导的制服文化时期。

20世纪50年代后，日本进入经济高速发展期，尤其是在1964年的东京奥运会和1970年的大阪世博会以后，制服开始渗入各行各业并且逐渐成为一种时尚，普及程度已经达到很高的水平，那时，也可以说是日本制服文化的快速发展阶段。接下来直到1990年代初为止，日本处于经济高速增长期，制服的发展与泡沫经济几乎成正比，不仅花样翻新而且认同率也达到了新高，六大类制服（指办公制服、作业服、服务业制服、白色制服、校服、运动服）在这个时期无论是款式、做工还是经营理念都已经处于世界前沿。而后，虽经历了20世纪90年代泡沫经济带来的消极影响，但因制服文化深入人心，已经处于稳定状态的制服行业并没有受到太大的冲击。近年来，随着经济渐渐好转，制服又开始出现了一派欣欣向荣的多元化景象，不过，确切地说，制服应该是被服务业引领回归进入当下的多元化时代的。由于餐饮业、娱乐业、美容美发业、售货业市场等逐渐活跃，相关领域就业职员随之增加，不仅刺激了市场对于制服的需求，而且还给制服带来了崭新的革命，如上述这些行业过去也存在，制服也很漂亮，但如今餐饮业、娱乐业的制服则是集"卡哇伊"、舒适感、安心感等于一身，甚至，有些服务场所，客人就是由于对其制服的喜爱才成为这些场所的回头客或粉丝的。此外，就日本校服而言，如果单从校服文化的角度来看，学生制服原本是用来规范学生的工具，而如今早已经延伸到时尚领域。漫画家春田菜菜就经常在他的创作里把夹克衫、T恤等元素融入学生制服里，用他自己的话说，就是漫画只有黑白两色，本来"卡哇伊"的衣服也不"卡哇伊"了，只有校服在漫画里才体现出无敌的可爱度，可见，校服文化对其影响之深。综上，总体来讲，今时之日本制服已是进入了一个百花争艳的新时代，而且还衍生出了许多制服文化。

去书店，在时尚杂志、书籍专架，经常能看到一些以漂亮制服为封面的杂志，其中有一些就是制服的总览，内容包含各行各业穿的流行制服款式，由此也足见日本人对于制服的热爱程度。据说日本制服的市场价值每年大约有1万亿日元，因为大部分日本人从两三岁上幼儿园的时候开始，就成为制服的最初消费者，然后小学、中学、大学，直到进入社会，最后退休为止。在日本，大约90%的中学是要求穿制服的。尽管如此，学生制服实际只占了制服市场的23.1%，剩下76.9%是工作制服，所以说，日本人可谓是一生都离不开制服，当然，制服文化也自然会越来越精彩。

日本业界给穿上制服的群体概括了8个词，即：自豪、品位、快乐、服务、信任、安心、责任和清洁。这倒是名副其实，也恰好体现出日本人的制服情结。但更重要的是日本人与制服磨合至今，制服早已不是一个单纯的外在表现形式了，也不能用"为满足企业或者组织的形象需要而出现"来定义它，制服让我们见到的是整齐划一的规范，是个体对整体的绝对服从，是穿着制服的人那由衷的自豪感。当代日本之所以给世人以"制服大国"的印象，是由于日本人把自律、团队意识、遵守公共秩序、对职业的尊重和对工作的责任感等都融入了制服里，穿上了制服，就意味着必须遵守这一切，而制服的盛行，也正是源自这样的国民性，这就是制服体现出来的社会文化。

而对于国与国而言，日本通过自己的制服更是让世界加深了对日本制服文化的认识，从而提升了世人对日企的好感

制服的活力

度、信任度，使得日企通过制服文化在世界范围内脚踏实地地走得更远、走得更久……

六、日本人的制服情结

看着到处都是穿着制服的日本人，不由得就生出一个大大的疑问，日本人到底为什么如此喜欢制服呢？他们对制服又究竟有着怎样的情结呢？

要探讨这个问题，我们先来看下面一段对话，这是记者关于制服问题在街头做的随机采访：

记者：（寒暄过后）不好意思！请问您今天为什么要穿西服呢？

上班族男：因为要去公司上班，所以穿着西服。

记者：公司规定吗？

上班族：对。

记者：在这炎炎夏日穿着西服是种什么感觉呀？

上班族：相当热啊！

记者：那您有没有做防暑准备呀？

上班族：我随身带着一瓶水，随时补充水分。

记者：哦，原来如此，谢谢您接受采访。

……

记者：可以耽误您几分钟吗？

女白领：哦！啊！好的。

记者：请问您为什么大热天还穿着西服套裙？

女白领：哦！因为只有这样的装束，去访问其他企业才不会失礼，如果只穿衬衫，会被认为不懂礼仪的呀。

记者：那您今天穿西装套裙是为了什么呀？

女白领：嗯，今天要去参加求职说明会，所以要着装整齐的。上班、参加活动要穿西装，这已是不成文的规定了。

记者：哦！原来如此！谢谢您！

……

记者：你好！打扰一下您可以吗？

年轻上班族：OK，有什么能帮您的吗？

　　记者：我是想问问，您这么热的天怎么还穿西装呀？

　　年轻上班族：哦，因为工作需要吧，不过我自己也觉得穿西装很帅气呀，嘿嘿！

　　记者：原来如此，喜欢穿西装吗？

　　年轻上班族：喜欢呀，即使和女朋友约会也是穿西服的。

　　记者：为什么呢？

　　年强上班族：因为这样会显得成熟稳重吧。嘻嘻！而且习惯了，不穿的时候倒觉得自己哪里不对劲儿似的。

　　记者：原来如此啊！谢谢您接受我的采访，耽误您的时间了！

　　年轻上班族：不客气，不客气，拜拜。

　　由上面的采访内容可以看出，日本人对制服似乎早已从被动接受，转变为自觉自愿，进而喜欢，更进而对制服产生依赖感，而一些企业的员工甚至还会把制服穿出自豪感来……之所以会这样，是因为制服的漫长历史早已把日本人改造得必须要包裹在制服里才觉得安心，甚至脱掉制服会像失去主心骨般不知所措，想不喜欢都不行。制服的隐性功用，可见一斑。

　　我们知道，"制服是组织成员在参与组织活动时所穿着的衣服"。在早期的神道信仰中，神职人员已经开始用制度化的专用服饰来表明身份宣教了。而现代意义上的制服，归根结底应该说是源于军队、警察等的制服。换言之，军队、警察制服虽然是被动地穿在身上，但它代表的却是权力和权力的"被赋予"以及权力的"正在行使"之意，而法治国家的权力来源于制度，所以确切地说，最开始应该是国家制度给团队、组织穿上了制服。

"制服是组织成员在参与组织活动时所穿着的衣服"，那么，从过去穿甲胄的武士到今天的军队、警察以及其他如消防、海关等由政府管理的组织，他们的制服功能首先是明确区别敌我，其次是这些制服象征着权利和义务，也就是说，穿上它，你就必须时时刻刻意识到自己是组织的一员，那么，一切行动都首先要符合自己的身份，这就自然而然使得穿这些特殊制服的人很容易产生一种正义感和自豪感，这大概就是穿有这类特殊制服的人喜欢自身制服的原因之一吧。

同样，这类制服情结也蔓延到现代日本的企业、学校及体育团队等组织。人们以能穿上成功企业的制服而感到自豪，学生以拥有漂亮校服而骄傲，而喜爱体育的人则以有资格穿运动服而兴奋……这一切，说穿了，应该都是因为制服产生的群体意识、组织归属感，使得人们的精神意识升华，为了维护组织而产生了使命感、庄重感及自豪感等。也正是因为这种群体意识和归属感，如果从另一方面看，制服同样还给了日本人以安心感和被保护感。

穿上了制服，个性就被淡化。在集体主义至上的日本社会，最大的忌讳是出风头，引人注目，而职场上的制服则恰如战场上的迷彩服一般，会起到防御作用，在掩盖个性的同时发扬集体的形象。因为是属于组织内部的成员，那么，穿上了制服，就不用考虑个体责任，也不用拍板拿主意，只要在组织里专心干好自己的本分工作就好了，这又是制服给日本人带来的随众性。虽然这种随众性属于消极的制服文化，但却是骨子里不喜承担个体责任的日本人内心真正所喜之处。

当然，上述这些基本属于正能量的制服情结。其实，日本人对制服还有一种介于正常与非正常之间的、一般只可"意会"无法"言传"的情结存在。那就是制服的"束缚"和"解开束缚"。

制服，从某种意义上说就是人扮演角色所披的一张皮，只不过是没有个性的皮罢了，而且是大部分时间都在束缚着人的皮，束缚的还不光是身体，而且包括心灵、精神。那么，作为正常的人，偶尔就会想挣脱这种束缚，回归自我，这也是我们在周末休假时偶遇同事，看到他那一身洒脱得不能再洒脱，随便得不能再随便的衣着，吃惊他与平时（指工作时间）相比，简直就是判若两人，但同时也能感受到同事那种如笼中之鸟解放出来的快乐、放松的心态的原因。其实，在这方面表现更突出的应是女性，白领女性穿着从制服中解放出来的假日装，打扮得或艳若桃李，或妩媚入骨，或热烈奔放，或如小家碧玉模样，总之，都在尽情展示着自己挣脱束缚的那份舒爽、那份畅快……尤其是女学生，水手服固然可爱，但毋庸置疑的是它束缚了女孩儿的天性，而脱下制服的女生，那份清纯、那份活泼、那份"卡哇伊"，也确是都市里一道靓丽的风景线。

其实，从束缚与解脱束缚的角度来看，并不仅仅是单纯的穿和脱的概念，而是日本人在这"被束缚"和"挣脱束缚"之间找到了一个平衡点，由于长时间的束缚，偶尔的放松让他

在束缚与被束缚之间

们感受到一种角色转换的快感，这也应是日本人对制服和平常装的另一种情结吧。至于日本人的那种完全非正常的恋制服情结，在后面我们单设一节来接着细说。

七、制服的表情

《日和下驮》，中文名"晴日木屐"，是作者永井荷风身穿和服，打着蝙蝠伞，脚上趿拉着木屐在东京泥泞的小道上踢踏踢踏地一边散步，一边欣赏着即将消失的大正初期的老风景而写出的一部随笔集。这种"下驮"不同于传统意义上的高跟木屐，它是专门适用于雨天泥泞小道的低跟木屐，永井荷风的整部著作都是穿着这种木屐在踢踏踢踏的声音中写毕的，所以日本人认为，从某种意义上来说，如果脑子里不能浮现出永井荷风当时散步的情景，不能想象着他当时的衣着打扮来读《晴日木屐》，那么，对作品的品味程度起码减半。因为作者既以"下驮"为题，而且作者的整部作品也都是以"下驮"为线索贯穿始终的，因此，"下驮"的重要性不言而喻。

事实上，读《晴日木屐》，我们确实从那踢踏踢踏的木屐声中，读出了作者对江户老街即将消失的那种无奈、无力、只能流连的心情，而出于这种感受，我们似乎从低跟木屐一次次亲吻泥泞、仰承雨水中，同样也看到了木屐的无奈表情，这正是物与人和、人物同情的真实写照。

非只荷风的木屐，其实日本人认为所有"履物"（鞋）都能表现出主人的心情。比如，看大门里脱下的鞋子，就能看出穿鞋进屋的人的性格、当时的心情等。摆放整齐的鞋子、东倒西歪的鞋子、鞋跟磨损严重的鞋子、擦得铮亮的鞋子、沾满泥土的鞋子、臭气熏天的鞋子、看不惯也很少见的犹如奇装异服般的鞋子等，这些鞋子在体现着主人性格同时，不是也同样表现出了鞋子的表情吗？还有，军人那整齐划一的皮靴、工厂那厚重感十足的鞋子、学生们那飘逸着青春气息的鞋子，又有谁能说它们没有表情呢？所以，日本人说，没有无表情的"履物"。

鞋子有表情，制服同样是有表情的，有些制服甚至是能左右人的表情的。就拿军服来说，军服的首要特征就是尽量不能露出身体，除去手和脸，要让整个身体处于一种整体的闭锁状态。这本来是源于古时候打仗为了保护自身而把全身裹在甲胄里，现代虽然不穿甲胄了，但已形成了现代军服也尽量少露出皮肤的习惯。一般军人着装，穿上衬衣、军裤，同时要做的是把袖口、颈部纽扣全部扣严实，如果是军靴，还要把裤子膝盖以下整齐严实地掖入靴筒。接着，穿上外衣，这时重要的是一定要把领口对齐扣严，然后端端正正带上军帽。如此，一副笔挺的军人形象就热乎出炉了。不用说，严肃感也自然而来了。军人严肃了，就要时时刻刻意识到自己的身份，这不但体现在着装的时候，即使脱下军装，军人也比普通人显得严肃。军人严肃是军队的特点所决定的，这固然也是军人的特质，但又有谁能说，军人的严肃整齐与穿军服没有关系呢？军装穿在身，不仅影响着军人的言行，而且还左右着军人的表情，那么，某种意义上是不是可以说军服也是有表情的呢？某种意义上甚至可以说正是因为制服在看管着穿制服的人，才使得穿制服的人严守着制服所赋予人的各种约束。

  同理，企业工人穿上作业服，责任感自然涌现；公司白领穿上制服，就会时时注意着自己代表公司的形象；空姐穿上空姐服，那不仅仅是美丽，而且还要给乘客带来微笑和安全感；护士穿上护士服，这副天使形象就要给患者带来安慰、照顾；医生穿上白大褂，自身则是患者的希望所在；学生穿上校服，展示整齐统一的形象同时，还要时时意识到自己是一名学生；女生的水手服，除了给人"卡哇伊"的感觉之外，更是使校园充满朝气，是健康、活泼的象征……那么，这些犹如"变脸"般能瞬时改变人的语言、行为的制服，毋庸置疑，也是拥有专业特色表情的。

AKB48——这个日本人气青春少女偶像组合也可以说是个另类的制服组合，它有连续7张单曲唱片销量都过百万的记录，要知道，这是在CD销量整体下滑的时代所取得的战绩，其意义不言而喻。它带来的直接经济效益就高达400亿日元，间接经济效益为800亿日元，衍生出的周边效益为300亿日元，总计产生出了高达1 500亿日元的经济效益。那么取得这些奇迹般的骄人战绩，AKB48组合的制服又在其中扮演了什么样的角色呢？

AKB48组合起步的时候主要穿的服装就是女子高中生的制服，随着AKB48的名气越来越大，对演出制服的要求也越来越高，动漫服、吉祥物服以及各种集"卡哇伊""萌"于一身的服装都是她们登台献艺的演出服。当然，其中最重要的还是她们那源于学生服的格子裙服，各式的格子裙服一出，就吸引了大量"铁粉"，这让她们的人气直接爆棚，以此带来的经济效益也是相当可观的，作家田中秀臣在其著作《AKB48的格子裙经济学》里就详细地论述了格子裙在AKB组合中的特殊作用。同样，这些各具特色的演出服使得AKB48的形象更加鲜活起来，也让她们在这些色彩缤纷、灵动艳丽、或清纯或奔放的炫美服饰中得以大放异彩。那么，让演员歌手鲜活起来、灵动起来的演出服自然是具有丰富表情的制服了。

所以说，制服不仅有表情，而且制服的表情还在时时刻

制服是有表情的

刻影响着人的行为、语言。以上所举的例子，背后都有相应的制服在注视、制约、规范着他们（她）的言行。如此，我们似乎就真可以说，制服是有表情的，而且其表情的功用还非常大。俗话说，人靠衣服马靠鞍，鞍使马精神，衣服让人分清自我角色，懂得了这些，人自然会与制服和睦相处，相得益彰。

八、制服的时装化

制服讲时髦，不是始于今天，可制服时装化却绝对是当下的时髦。

和服，给它定性有点复杂，说它是制服，可现代意义上的日本制服里似乎没它什么事儿，若说它不是制服，它却又是日本人从古穿到今的表面上统一的服饰，可以说是日本服制的象征。1941年文部省制定《国民礼法要项》时，还明确把和服定为国民礼服。在今天说起和服，通常是指皇家用和服和国民用和服两种，一般来说，普通人穿用的和服也包括神道、修验道服饰及一些特殊和服在内。如果再上溯久远一点，虽然和服是在江户幕府德川家康时期定名的，但早在奈良中期，日本本土弥生服饰就受中国服饰影响，略加改造后已经有了和服的雏形，只不过那时候和服是贵族才能穿的礼服，因此当时是被称为"吴服"或"公家着物"而已。从这些意义上来说，和服实际上还是应该算为制服的，是日本国的象征性民族统一服饰。

而现代和服主要为日本国民于冠婚葬祭、毕业仪式以及出访、赴宴、剑道、弓道、茶道、花道、香道、雅乐、棋道、书道等传统礼仪场合中所穿。根据传统习俗，未婚女性于成人式、婚礼场合可以穿一种配有"及地袂"的"振袖"和服，部分年纪较大的女性以及极少部分的年长男性有时还会以和服作为日常衣装。至于职业相扑选手，由于规定和身体条件所限，他们平时的服装就是和服，只不过他们所穿的那种和服比较偏向于浴衣，材质也是以棉为主。不过，正规和服多采用日本经济产业大臣指定的传统染织绣工艺品为原料生产，从这个意义上来讲，和服其实就是日本国服了。

步入平成时代，人心思古，表象上就体现在更加尊重传统文化，因此，和服再度成为部分重要活动或场合的流行服饰，更逐渐成为潮流的一部分。和服自此被定位为节庆及重要场合的服饰，不过穿和服的一般是女多男少。而浴衣则因轻便及凉快之故而成为看烟花、参加夏季"祭典"或者神道祭典时的热门衣着。从20世纪60年代起，日本开始振兴传统文化，尤其是从80年代开始，和服作为日本文化的象征还受到了访日游客的青睐，观光客们对穿和服照相趋之若鹜，这直接催生了向游客出租和服业的出现，外国游客包括日本年轻人以穿和服为时髦。因此，从某种意义上来说，和服可以称为永远不过时的时装，也可以称为时装制服，其不但一直传承着日本的服制史，同时还是流行、时髦的日本服装，尤其是为外国人所追捧。可见，作为日本国民服饰象征的和服，或曰和式制服，很早就已经开始时装化了。

我们再来看被誉为"空中彩虹"的日本空姐制服。空姐制服可以说是"集各种宠爱于一身"的"宠服"，日本业界给予空姐服的评价就是"并不裸露，但高贵得让人陶醉"。日本有多家航空公司，因此空乘制服也有多种，但无论哪一种，加上各种制服配饰，再配上日本空姐特有的职业微笑，都能体现出大和民族特有的温柔、顺从、善解人意来。而且，日本空乘人员制服的设计有好多都出自名家之手，享誉欧美的设计师三宅一生，曾担任日本皇室设计师的芦田淳、森英惠等人设计的空姐制服作品，都曾成为日本时装界竞相效仿的对象。日本航空公司也充分利用人们的"制服情结"办展览、搞活动，来吸引人们的眼球，以达到宣传目的。说穿了，空姐制服展示会，实际上就是"空姐时装秀"。

日本空乘人员的服装管理非常严格，这着实苦煞了那些拥有空姐服情结的"空姐服癖"们，因空姐服一件难求，所以空姐服被这些人喻为"古董品"，不仅有专业人士收藏，而且在市面上还出现大量高仿的山寨货。其实不仅仅是制服，连空姐们穿戴的领巾、丝袜和鞋子都成为"御宅族"和"空姐服癖"们的收集对象。日本《钻石周刊》都声称"日本的空姐制服已然成为时髦的奢侈品"。所以说，空姐服不仅是制服，还是可以走秀的时髦制服。

日本一位企业家说过，做制服有3种境界。一是为满足企业形象而做；二是为满足穿着者的工作环境而做；三是能真正面对某个行业的顾客，让他们一见到制服就知道，有人要为他们服务了。其实，如果说到空姐服，那就还有第4种境界——满足对空姐服有需求的商家和满足拥有空姐服情结之人的幻想。所以，有人说航空制服是在美感与专业度之间的钢丝上跳舞。以此类推，其实在日本，护士服、女警服、女生校服等也都有着与空姐服相类似的让人憧憬的时髦感觉，因此可以说这些制服也都已经时装化了，在秋叶原街头常见的服务员穿的女仆装、护士装，那更已经是一种时髦的制服了。

我们再来看看水手校服的时装化。水手校服本应是正规严肃的制服，但女孩子天性爱美，因此，早就偷偷地在书包、校裙上搭配各种时兴的小饰件，袜子颜色不变，还是纯白，但会选长长的棉线袜，然后堆在脚脖处以显示时髦感，裙子嘛，还是那条校裙，但会把它往上挽了又挽，直到挽成迷你裙。这样打扮下来就有了一种时装的感觉，而这种制服的时装化刚好是一些日本人所喜爱的，于是，见缝插针的商家据此抓到商机，开始制造山寨版的水手服兜售，反响却是异常热烈，不仅让有着水手服情结的人们得到了满足，而且还让那些对校服恋恋不舍的离校毕业生们找回了校园生活的感觉。此外，日本博客上披露：现在就连不以水手服为校服的私立高中的女生们也会买来水手服，然后在休息日穿上，一起逛街、购物。当然，这些买来的水手服正确地说应该是形似神不似的水手服。甚至一些女大学生也穿上水手服扮萌，据说现在在女大学生或以西服套裙为校服的私立学校女生中，专门穿上水手服一起去迪士尼游玩，正形成一种"热"。其实还不止于此，网络上还说，最近大学的学园祭，穿着水手服开小卖店的、登上舞台连跳带唱的景象已经很常见了。换言之，时装化、私服化的制服越来越被女学生们所接受了。

那么，何以会有这种现象发生呢？这固然与卡哇伊文化、萌文化的流行有关，但调查表明，给"水手服热"点上一把火的是东京原宿 家叫"CONOMi原宿店"的商店，这家商店专门制造并经营女生用的格子裙、水手服、开襟绒衣、头绳、领结、吉祥物及各种配饰。据这家公司的负责人说，他们的制品粗看是学生制服，但若细看又会给人一种公司白领服装的感觉，作为制服虽然进化了，但还保留着制服最重要的部分，所以，不论谁看，这还是学生制服，说白了，就是在打学生制服的擦边球。不过，正是这种介于变与不变之间的变化，使其成为私立学校的女生和女大学生们的最爱，时装化的制服也就呼之欲出了。

其实不光在日本国内，近年来日本的学生制服时尚化现象在国外也同样受到了关注，别的不说，单指正式的水手校服、格子裙校服就早已被中国台湾、香港、韩国及泰国等地的一些学校采用为校服了。近年来，随着日本水手服形象的商品化，在上述地区甚至包括中国上海等地也出现了这种以"水手服的卡哇伊文化"为卖点的商业场所，当然，所使用的水手服可以说已经超时装化了。日本政府在看到日本女生制服的时装化被世界认可这一现象后，好像是找到了感觉，乘此东风，外务省则干脆任命了学生制服的形象大使，以达到在国外宣传日本的目的。日本政府还给这类形象大使取了个凸显日本萌文化的名字，叫做"卡哇伊大使"，这给人的感觉就是女生校服的时尚化、萌化和卡哇伊化似乎已经是举国体制了。

　　女生制服的时装化穿法流行至今，现在日本的女子高中生制服风已经俨然成为时装界的代表性存在，被誉为"制服搭配的魔术师"。其实，这一点，AKB48组合的制服搭配更能说明问题。AKB48靠女生制服起家，时至今日，组合的各种制服的"萌搭配""卡哇伊搭配"，可以说是把制服时尚化玩到了极致，也把日本人玩得围着AKB48滴溜溜转。不过这也难怪，毕竟日本女生的青春期几乎都是在水手服中度过的，水手服也是日本人看惯了的卡哇伊校服，所以，正因为水手服有着这么强

制服是一种时尚

的符号性，由水手服衍生出来的任何产品都容易为人所接受，这也是日本的学生制服时装化流行日本并走向世界的根本原因所在。

九、制服的行为规范与非语言交际

所谓规范，说简单点就是规则和标准。没有规矩不成方圆，没有规范也就不能秩序井然。而行为规范是个人或群体在参与社会活动时所遵循的规则、准则的总称，是社会认可和人们普遍接受的具有一般约束力的行为标准。那么，在这里我们把制服放在行为规范之前，是想着重探讨一下制服领域的行为规范。

本尼迪克特在关于日本人的着装礼节上曾有过这样的描述：日本人认为，主人迎接客人必须要有一定的礼节并换上新衣。因此，在客人访问农家时，如果农民还穿着劳动服，那就必须稍等片刻，因为在没有换上适当衣服并安排好适当礼节以前，那个农民将毫无迎见客人的意思。甚至主人会若无其事地在客人所等待的同一房间里更衣打扮，直到打扮齐整，才和客人"偶哈腰"（早上好）、"空抱娃"（晚上好）地寒暄应酬，在此前简直就像客人不在场一般。由此可知，日本人在着装和礼貌之间是画上了等号的。

记得在介绍日本人礼节的书籍中也看到过这样的描述：那是发生于"我"在英国的大学教课时的事。我们有3个人邀请铃木先生外出共进晚餐，约好8点钟在公共酒吧同他会面。了解到他比较注意礼节，我们都穿上了西服。走进酒吧时，"我"远远地看见他穿着衬衫和便裤，我们一下子感到很兴奋，趁他未看到我们，我们回到卧室换上了便装。等我们匆忙返回酒吧时，铃木先生却已穿上漂亮的蓝色西服站在那里等着我们呢，原来他早已看到我们了。

本尼迪克特的描述也好，上面三位邀请铃木先生吃饭的事例也罢，都涉及一个共同的问题，那就是日本人对自己的着装与礼仪规范的重视。其实在日本服装制服化的今天，这种例子更是比比皆是。比如，公司职员一般上班时都穿西服套装，他们从套上西装走出家门的那一刻起，就俨然变身为一位严肃的白领，无论言谈、举止都是一副彬彬有礼、毕恭毕敬的绅士模样。但我们知道，下班以后或休息日的他们与工作日相比简直就是判若两人的，酗酒、衣冠不整、放浪形骸也都时而得见。工厂职工也是如此，换上工作服踏入工作岗位，那种敬业、一丝不苟、严肃认真的形象，无论是从衣着还是表情都体现得明明白白，真是好一派匠人风范，这与工作之余他们的那种粗放、随便不可同日而语。至于号称"白衣天使"的医生、护士们，有白大褂或淡粉、淡蓝的护士服裹在身上，平时的谈笑声、随意的举止就都一扫而光，变身为和蔼亲切，动作轻柔，举止小心，可给病患者带来安慰、安抚的"最可爱的人"。我们知道，日本重视人权，平时学校教师在教育学生方面都不得不小心翼翼，所以日本学校基本不会有诸如体罚或涉及精神方面的惩戒等存在。因此，日本学生实际上是很自由的，但即使如此，当学生穿上校服走进校园后，意识马上回归，表面上的循规蹈矩还是必不可少的。

日本社会之所以形成这样一种共同遵循的行为规范，其实和制服与日本人的群体意识、归属感等是有直接关系的。正因为穿上了制服才产生了组织意识、群体意识，而有了这种群体意识和由此产生的归属感，才会让他们产生自觉维护群体、组织形象的意识，而要做到这一点，个人的符合自己所属身份的行为规范就是不可或缺的素质了。

制服除了让日本人的行为有了规范外，还有一种非语言交际的效果存在。什么叫非语言交际呢？非语言交际是指除了语言之外的所有交际手段，包括肢体语言、服饰、发型、妆容等。尤其是对日本人来说，因日语本身的暧昧性和其语法、词义等的多样性及日本礼仪、行为规则等因素，使得即使是日本人自己，在语言交流方面都要时时注意对方的眼神和肢体动作，才能真正把握对方的用意。甚至在微笑、交换名片等动作上，在彼此的空间位置和见面时穿的服饰等方面也都能透出日本人的这种心思来。换言之，在日本，在人与人的交流中，非语言因素似乎更能真实传递说话者的意愿。因此，在与日本人相处和研究日本文化时，理解日本人的非语言交际就显得十分重要，制服同样是这种非语言交际的表现工具之一。

如果从文化的角度来看服装，我们大致可把服装归纳为以下几种功能：首先是服装能表现出不同的审美意识；其次，服装象征着社会身份和地位（尤其是在古代日本，从服饰上就可以对对方的身份一目了然）；再其次，服装还代表着所属的组织、集团，这是日本社会制服化所带来的结果；最后，服装是日本人礼貌的标志，这正如什么马配什么鞍，服装不仅在地域、阶层、职业、性别、年龄等方面会显示出它的差异性，而且所在的场合也是决定服装选择的因素之一，所以，日本人居家、会客或去工作时对着装都非常在意而且规矩繁多。

由以上这几种服装的功能来看，服装在人与人的交流中，尤其是在非语言交际方面，所起的作用是不言而喻的。从某种意义上甚至可以说，服装同语言一样，有时还会超出语言的功能，传递给人更多的信息。以制服为例，如果某一集团或组织的全体成员身着同样的服装，那么这个组织要强调的就是所有成员都是作为集团的一分子而存在。这时作为集团标志的制服还体现出抹杀个性的功能，穿上它，每个成员就都得时时刻刻意识到自己是集体当中的一员，要有集体意识，要有组织归属感，言谈举止更要符合集体利益等。当然，在这个群体里，制服同样能体现出安全、信赖和安心感。可见，只是穿上制服，不用语言，它就能表现出如此多的功能，这也说明了制服的非语言交际功能的重要性。

其实，制服在非语言交际方面还是有一些缺点的，比如说压抑人的本能、个性等。用弗洛伊德的观点来说就是：制服属于"超我"，意味着"社会规范"，在日常生活中压抑着人的本能欲望。日本国民普遍有压抑感，这种现象固然与日本的道德文化对言谈举止的影响等有关，而制服中含有的负能量对人的个性的压制，同样在形成日本人精神压抑的诸多因素中占有

制服使人行为规范

一席之地，这应是制服的行为规范的反作用吧，也可以说是制服的非语言交际功能的另类体现。

十、从被动穿到主动穿到仿校服泛滥

正如少女的心、秋天的云那样变幻莫测，日本学生的校服从开始到现在也经历了被动穿、拒绝穿、主动穿直至不仅穿真校服，甚至连仿校服也都严重泛滥的反复过程，尤其是到了新世纪的今天，校服，尤其是水手校服、西装格子裙校服和仿校服已不仅仅是主动穿，而且已经成为学生们时尚、时髦的象征。那么，校服的这种变迁，又显示出日本学生怎样的心路变化呢？

　　江户时期虽然有私塾，私塾的学生虽然也穿着大致相同的服饰来上课，但想想古时候我们学子的衣着也就明白了，那委实还称不上统一的校服。而且，据说江户末期明治初期时日本学生看到赴日清朝学生的服装，即使是那种秃额长辫长袍的服饰，也让他们艳羡不已，因为他们感觉自己那活动不便、穿脱麻烦的和式装束，与清朝学生的装束相比，简直就是臃肿笨拙与潇洒飘逸的鲜明对比。

　　当日本被西方大炮轰开国门后，作为全面欧化政策的产物之一，部分女子学校开始要求学生穿那种束腰、大蓬裙的洋服。看过图片，怎么说呢，因为这种和洋搭配没有任何展现女性美的地方，所以那时候的女生看上去就给人一种不伦不类的感觉。当时东京师范学校的女生还被要求承担一部分外交接待任务，就是晚上要穿上洋礼服陪达官显贵跳舞作乐，学生哪来的晚礼服呢？只好把窗帘改成晚礼服裙装，没有衬裙就塞进报纸，所以还要时刻提防报纸掉出来，舞曲一响，顺裙底掉出一份《读卖新闻》，那可不是一般的糗。所以，当时的女学生虽有改变服装的意愿，却不是变成这种不和不洋的式样，因此，这一时期所谓的校服可以看作是"被动穿"的，基本谈不上愿意。

　　日本女学生愿意穿洋装校服应该是在第一次世界大战以后，当时西方女性服饰走向简练化（取消箍紧腰身的紧身搭，缩短拖地长裙），这种清爽干练的风格也影响到了日本，1920年，平安女学院的学生已经穿起了水手服，到了1930年代，水手服因其轻盈、利落和便于活动的特性，已经广受学生欢迎，水手服也成为当时日本女学生制服的典型样式，这个时期可以视为"主动穿"的时期。

由"被动穿"到"主动穿"，跨越的年代并不长，但对西式学生服的接受之快同时也从一个侧面说明了当时日本人的思维形式转变之大、之迅速。接下来，由于二战的爆发，一切以军需为第一要务，这一时期日本政府推行的国民服曾一时成为学生服。1945年战败后，受战争影响，不要说校服，那时学生上学已经没有了固定的服装，什么和服、国民服、洋服、旧日本军军服、联合军服等，总之是穿什么上学的都有。可以说，那时是日本人饱尝恶果、最没有脾气的时候。

到了1960年代，经过战后重建，日本不仅缓过气来了，而且凭借1964年东京奥运之风，日本经济取得了飞跃性的发展。饱暖思"衣服"，日本人看这主动穿了几十年的学生服有点不顺眼了，于是，一些学生掀起了反对制服的抗议活动，甚至跑到联合国儿童教育人权委去抗议，连一直广受欢迎的水手服也在被批判之列，主要理由是学生制服容易让人想起"军国主义"，而且束缚个人思想发挥、不自由等。那时，据说就连一些企业、组织的员工也以制服抑制人的个性发挥、妨碍创造力等而加入反对的大军。不过，作为校方、组织乃至政府，因制服而尝到的甜头多多，自然对这些反对声音持消极态度。因此，虽然至今为止反对声音不断，但对制服的开发、引导却是不遗余力，使得日本制服之多、使用范围之广当之无愧地位列世界之首。

抗议并非没有效果，也确实有些学校取消了校服，但麻烦随之而来，有校服可穿，女孩儿们不会为每天穿什么出门而伤脑筋，充其量变换着花样弄些配饰搭配而已，可当没了校服，女孩儿们就开始为每天穿什么上学而绞尽脑汁了，没有收入，衣服有限，又要每天打扮得与众不同，就是她们的不能承受之重了。于是，又开始重拾校服，就这样，学生制服在闹闹嚷嚷中走进了20世纪80年代。

1980年代可以说是水手服的一个分水岭，那是因为自1920年代水手服诞生开始，虽然在风风雨雨中走过了60年，但水手服毕竟是以纯粹的学生服功用出现并一直持续的。在1979年，水手服却失去了这种纯粹性。这一年的12月7日，日本TBS电视台开始播映《3年B组金八先生》（这是一部从1979年到2011年，一共制作放映了32年的连续剧），在第七集出现了变形的学生服，这应该看作是改造学生服的开始。自此，在水手服上搞小动作的学生开始逐渐增多。接下来在1985年，富士电视台制作了一个叫做《黄昏小猫》的节目，节目中出现了许多穿水手服的女学生。从《黄昏小猫》这个节目里还诞生了一个偶像团体，也就是水手服代言人——小猫俱乐部。小猫俱乐部曾红极一时，著名艺人工藤静香、渡边满里奈、渡边美奈代、国生小百合等都是出自这个团体，她们的代表作就叫《不要脱人家的水手服》。从此，女学生就等于水手服的概念被人们普遍接受，市面上也开始掀起了水手服热。凡事有利必有弊，某些学生对水手服的改造，破坏了水手服的形象，致使社会上开始将水手服和不良学生画上等号，基于此，有些学校还被迫放弃水手校服而改用西服式格子裙校服。

同样是从1980年代中期开始，水手服不但被改造，而且还被各种情色产业所利用，这些无疑都败坏了水手校服的声誉，但同时也不得不承认，这些现象同时也再次以不正常的方式唤醒了水手服的卡哇伊感觉，使得水手服更受关注了。

借此机会，一些电视台也开始频频推出水手服女生的节目，以宣传水手服的可爱正能量，像AKB48那样的音乐组合更是以女生制服为主打演出服装。学生制服的可爱使人们重新从正面认识它，而女学生们更是意识到了自己只有在学生时期才能幸福地拥有这种象征着纯洁、可爱的"期间限定品"——萌水手服，从而认识到了水手服的珍贵。自此，不仅是在上学时穿，好多女生甚至在休息日逛街购物、去游乐园玩时，也愿意三三两两穿着水手服出门，就好像她们感受到了"学生服是穿一天少一天的服装"似的……

受其感染，那些没有校服的学校学生也都纷纷购买水手服穿着上学，甚至连年轻女白领们也购买水手服以重温旧梦，这就催生了一个新产业的诞生——仿制服产业。当然，在此之前，日本的情色行业也早就开始生产销售情色水手服，不过，正面意义上的仿制服应该说是开始流行于2002年，设于东京原宿的CONOMi仿制服专门店据说是生产销售仿制服的元祖，店内各种学生专用的制服、配饰达10 000件以上，生意好极了，分店据说也开了几十家。真学生假学生们乐此不疲地在这种仿制服店里购买各种新式制服及配饰，然后组合搭配成各种有独家特色的学生装，有的甚至把私服和制服搭配起来，这基本已经超出学生制服的范畴了。事实也的确如此，在这种混搭中，制服表明学生所属学校的原始功能已经飞到爪哇国去了，作为管理教育象征的校服，已经渐渐成为女学生的特权。这种现象表达了女学生们希望把只能上学穿的制服穿出可爱与舒适的愿望，这也从一个侧面说明了过去被视为"管理象征"的制服观念已经逐步转变为学生们"展示自我时尚"的观念。

十一、制服的停止思考功能

日本学校采取军队式教育是在明治时期，当时正值日本近代学校的创生期，一切向西看的日本人也开始搞起了轰轰烈烈的自由民权运动，但这并不是政府愿意看到的现象，于是，第一代文部大臣森有礼把军队式的管理体制和服从意识引入学校的教育管理体系，其最初的目的只是要把自由民权运动扼杀在萌芽阶段。

随着日本的日渐强盛，对外扩张野心膨胀，战事不断，军国意识增强，出于军国主义需要，学校的教育方针也愈趋军队化，这时为国家培养绝对服从、随时可为国捐躯的忠诚之士就成为学校的教育理念之一。因此，军队的那些诸如立正、向右看齐、敬礼以及其他一些军事化训练就也被纳入了学校的教学内容里。军事训练需要灵便的服装，而学生们的传统和服根本不能适应军队化训练的要求，于是，模仿陆军下士军装的黑色战斗服，黑色立领的仿军服式学生服就应时诞生了。

　　而作为军人，不需思考、绝对服从是他们的铁律，因此，可以说军队的管理在某种意义上就是"思考停止"管理。那么，学生穿上了这种仿陆军式的制服后，裹在制服里的他们自然而然就滋生出了一种被强迫的"服从"意识，何况当时的学校实行的本来就是军队化的管理教育，所以如果说当时的学生某些时候也会有思考停止的举动，那是绝对可信的。用教育家新谷恭明的话来说，在学校进行的就是"无思想"教育，抑制思想活动，这也符合当初森有礼把军队化管理引入学校的初衷。

　　学校的这种"无思想"教育确切地说应该是指战时，而战后随着人们思想的重新架构，完全军队化的"思考停止"管理模式已不适应社会的发展。因此，战后学校的"无思想"教育也在潜移默化地改变着，有见识的教育专家、教师甚至学生们都开始对制服使人"思考停止"的作用做各种各样的反思，20世纪60年代发生的反对制服运动就是对这一现实状况的真实写照。虽然今天制服制仍然是一般学校的主流，调查也显示，赞同学生制服制的占被调查人数的60%以上，但仍然有30%左右的人对学校制服制度持反对态度。

　　但是作为赞同校服制的校方乃至政府，他们是极力主张继续施行校服制的，因为学生穿上了制服就会产生群体意识、归属感，自觉约束自己的言行，便于学校对学生的管理，也对学生在走出校门后的社会行为起到了约束作用。

　　穿上制服可以使人"思考停止"、产生群体意识归属感等妙处同样被精明的日本企业、各类组织等看到，于是，在战后

制服使人产生随众意识

重建、发展过程中，企业、组织充分利用制服的这些特点，给员工、组织内部人穿上了一身身、一套套的各式制服，慢慢地培养出了制服的企业文化，使得员工们制服穿在身，心就是公司心，变为以公司为家的组织的人，而且大多数集体成员，尤其是名牌企业的成员更是以能身着公司制服为荣。当然，这对员工来说，也确实好处多多，因为制服一旦穿上身，就不用再费心去想自己应该怎么做，只需把自己套在制服里老老实实循规蹈矩地随众做事，就不会有任何风险和麻烦，彻底从主动思考中解放出来。因此，不要说大多数行业都有制服，据说即使没有制服的行业也有很多人自己主动买来工作服穿上，目的就是为了找到这种穿上制服不用思考的舒服感。再来看大学考试时去陪考的妈妈们，没人规定，但只要到考场转一转就会发现，陪考妈妈们几乎清一色的黑西装或黑西服套裙，目的也显而易见，就是为了在随众中找到一种无需思考的安心感以驱除自己的紧张感。再比如，日本的年轻人，尤其是女孩，不管是不是学生，只要三五成了群，她们就会琢磨着弄出一样的或者是极为近似的服装以显示自己的"拿卡玛"（伙伴）群体意识。

其实也难怪大多数日本人这么喜欢制服，因为无论是作为公司、集体还是个人，制服的随众性和思考停止功能，都是这个暧昧民族在社交、工作中必不可少的工具。正是制服的这些功能，才让他们如鱼得水，极尽暧昧之能事。

十二、制服力

最近几年日本流行某某"力"，其实就是用"力"字造词，比较常见的如钝感力、"气母"（团队）力、老人力、社长力、母亲力、女性力。大学里还造出了"大学力""教授力""学士力"等。大约是受这些影响吧，制服也就有了"力"，叫"制服力"。

人在哪里都一样，只要走出家门自然能看见穿各色服饰的人们或匆匆或悠闲地行于街头，但只要注意一下，肯定就会为身着制服或工作装的人之多而感到惊讶。比如车站工作人员、饭店服务员、商店店员、警官、消防员、医生护士以及建筑工、木工等，这些还只是一眼就能区分出来的制服。最近几年，受角色扮演的人气影响，一些店铺的营业员也穿起了怪异而又奇妙的制服以招徕客人，这虽然从制服的角度来看属于一目了然的工作装，但工作人员的制服与店铺经营内容完全就是风马牛的关系，比如穿着空姐制服的手机商店店员、穿着仆人装束的咖啡店店员等。

女性上班族也很有意思，一般来说，女性出门是最注重仪表的，尽管公司没有规定一定要穿制服或者制服与她们的职务并没有任何关系，但白领女性们还是会穿着色调简素但又不失可爱的制服西装或西服套裙去上班，这就更让人一目了然了，因为日本女性若非上班或者参加活动，是极少会穿西装或西服套裙出门的。

除了这些以外，还有像西装这样的上班与不上班都可以穿的服装，其实只要细看也能分得出是为了上班，还是依个人嗜好而穿的。非工作而穿的西装，无论是从西服颜色、样式，还是从穿衣人的感觉、心情都能看出来不是上班一族的工作服，而每天在路上见得最多的公司职员穿着的西服，虽然看上去也与非上班族穿的西装一样整洁，但根据穿衣人的衣着、行动，还是能让人一眼就分辨出来，这就是制服特有的神秘能力了，也可以说是制服力的一种吧。

从以上这些介绍可以看出，日本确实是一个不折不扣的制服大国。大多数人都穿甚至是热衷于穿制服，那么，就必须承认，制服之于日本人确实是存在着相当大的魅力。不过，只是口说"制服力"，稍觉有点抽象，不一定能让人马上理解，还是打个比方来说比较通俗易懂。比如说，在人们一般的概念里，制服就是企业的工作服，而提到制服，人们能很快联想到的就是制服的功能性，因为功能性对工作服而言确实是非常重要的。所以我们如果在某一家公司或者某一家商店、饭馆享受到满意的服务时，会记住这家公司或店铺，但很少会认识到是制服使自己得到了良好的服务，让自己度过了美好的时光。但过后，若想起自己喜欢的某家店或某家公司时，即使想不起店名、公司名，但脑中一定会浮现出那家店或那家公司的员工制服来，这就是制服的魅力、制服的力量。所以从这个侧面来说，制服也是给公司带来良好影响的重要因素之一。

这是针对客人来说的，那么，作为制服的穿用者，公司的制服对于他们又有怎样的魅力和力量呢？又有怎样的意义呢？我们知道，工作服是每位需穿工作服的人一天里穿着时间最长的衣裳，就像人喜欢自己的某件衣服因而在穿着这件衣服时心情会特别舒畅一样，穿着自己喜欢的制服也会让人感觉到自己的工作是很有意义的，是值得自豪的，因而也就会积极主动地去把工作做好，从而使自己的身心愉悦，工作也自然会卓有成效。尤其是好的制服，可以说会让员工从穿进第一只袖子开始，就会油然而生一种责任感、专家感，如此心态，想不干好工作都不行。可见，工作服是具有改变人、改变工作的积极力量的。

生产优质商品、提供优良服务是企业的使命，尤其是在所有领域正值细分化、高度化的现代社会，如何把企业的使命以正确的形象传递给社会也是一个重要的课题。此时，作为企业形象战略的工作服就会起到很大的作用。这不仅仅是左右客户对企业的印象，有时工作服整体的优秀功能性和优良设计，还能起到保护社会整体的作用，使人更加努力工作。

作为一个企业，无疑，一套良好的制服能表现出企业形象，还能让员工每天生气勃勃地投入工作，从而使商品和服务提到更高的水平，为社会作出贡献。那么，作为企业怎样做才能设计生产出理想的制服呢？不要幻想有什么捷径，或者认为只有一个正解，而是要事先设计好整个流程，比如大量收集信息，然后反复推敲立案，以最适合所属工作为基点，从制服布料开始到细节设计为止，都请专门工匠来做，最后认真实施。比方说宣传效果，好的制服，会让人看见就产生一种想穿着这样的制服工作的意欲，这无形中就为企业作了宣传，起到吸引有志之士加入团队的广告效应，制服力由此而生。

综上所述，我们可以总结出制服的无与伦比的力量了。第一，制服具有着识别功能，让人一见就基本知道所属职业；第二，制服以其所附有的归属感和团队意识，无疑可以提高员工的工作效率；第三，制服无疑还可以提高公司的宣传效果；第四，穿着制服可以使公司品牌力量向上发挥；第五，制服可以给穿着之人带来尊严感；第六，制服可以提高个人对工作的意欲和对集体的感情意识；第七，制服对外有着替公司宣传的作用，从而起到招募员工的广告效应；第八，制服可以使员工产生连带感和统一感。看来，既然制服有如此多、如此大的作用，日本人把制服具有的这些功用统合起来称为"制服力"，倒还真是名副其实。

制服的团结力

　　最近，在日本推特（Twitter，类似于我们的"微博"）上常常看到学生相约一起穿着校服逛街、购物、去迪士尼玩的帖子，他们说，穿校服的日子没有多少了，所以毕业之前都想穿着这象征"团结力"的校服度过每一天，这让我们又学到了一个力——"团结力"。其实，这背后不也同时透出了"制服力"吗？

CHAPTER

04
第四章

制服的文化

一、日本人异样的恋制服情结

从一般意义上来说，制服情结可以分为健康的与非健康的两种。据资料显示，在调查某位日本人喜欢制服的理由时，这位日本人举了两个例子回答：一是在消费场所享受过优良服务后，兴许不一定会记住为自己服务的人的面容，但却记住了服务人员穿的制服，因此喜欢上了制服；二是因为记住了自己过去喜欢的女孩子穿的制服，以后每看到这种制服，就会想起自己喜欢的女孩子来，因此，对制服一直有好感。这虽然是个别的例子，但基本属于健康的制服情结。不过在日本如果说起制服情结的话，却是名声不佳，因为大多数情况下，那都是指情色方面的制服情结，换言之，就是指情色方面的恋物情结，属于一种情色的恋物癖现象。日本人把"恋物癖"叫作"拜物爱"。

说起来也是一个可悲的现象，在日本这样一个以男权为主的世界里，女人可以说基本上就是男人们的一种审美（欣赏）对象。在他们的视觉和感官层面，女性的美，不应该是一览无遗的，否则便失去了神秘感。而制服，这样一种看似职业化的比较刻板的装束，却可将女性的美严严实实地"包裹"起来。

据《日本服饰史》的作者增田美子采访制服制造公司里设计制造负责人的资料可知，现代日本女性职业制服的制造，看似"统一"及"无个性"，其实在其设计和裁剪中，是很注重将女性的身体曲线体现和表达出来的，还有一些如领花等小配饰更是力图表现出刻板制服的卡哇伊形象来，以使制服更能成为一种凸显女性优美曲线和性别特色的完美装束。如此，职业女性不仅能成为公司男性眼里一道靓丽的风景线，而且在接待来访客人方面也能为公司增色不少。就拿空姐来说，现在有些空姐下班后不换私服就直接回家，走在街上或乘电车时无疑会成为一道街景，在为公司免费做宣传的同时，还格外满足了那些制服控们，因为他们终于在意外惊喜中饱了眼福。

其实，认真地说，无论是恋物还是恋物情结或是恋物癖，其实都属于心理学的讨论范畴。以我旅日多年的经验来看，独特的日本文化培养出了日本人复杂的心理，使得他们在与人交流时一直处于一种小心翼翼的状态中，长此以往，这种时刻小心翼翼、凡事斟酌再三的心理，就必然导致日本人的精神压抑越来越严重，但在现实的日本社会中，出于不能给别人添麻烦的共识，压抑者只能继续忍受压抑，根本无处释放压抑，这就是日本的"嘎忙"（忍耐）文化。人长此下去，会变成什么样子呢？日本人向世界给出了一个明确的答案，那就是在彬彬有礼、雅致绅士的背后，有掩盖不住的极致行为会不时释放，比如恋物癖。

人，或多或少都有点恋物情结，只是恋物，尚情有可原，但恋物成癖甚至去盗窃所恋之物，则是不被世俗和法律所允许的。2015年12月26日，日本搞笑双人组"喜剧之王"的成员，谐星高桥健一，涉嫌潜入东京的高中偷窃女学生制服，遭警方逮捕。据他供称，"为了满足性欲，20年前就开始作案了"。警方在他家共搜出600件制服，分装成70个袋子。这些制服不只属于东京的高中，还包括神奈川、埼玉地区的共约50所学校。高桥不仅偷盗女生制服，他还有案底，曾在8年前被指控是电车"痴汉"（指在电车里对女性耍流氓的情色狂），后来虽获不起诉处分，他也一直嚷嚷是冤案，但经过这次事件，相信没人会再相信他的话了吧。

其实，这类案件在日本还真不少，唯一令人奇怪的是电视上每次抓获的盗窃女性制服的犯罪者，好多都是有头有脸、表面光鲜的人，如艺人、警察、教师等。曾看过另一例窃盗女生制服的案例，作案人是日本大津市市立仰木中学教导主任织田吉浩，他在担任班主任的班级教室里设置了7台监视器监视女学生，并潜入本校及外校的女生换衣室偷盗女生制服，因总在一只羊身上拔毛，最后犯事被抓。据后来调查说，此人特别喜欢女学生，之所以去考教师资格，就是为了偷拍女生行动，偷盗女生制服，可谓目的相当明确。

2017年还报道了一位高级白领偷盗女生运动服和袜子的事件，这名叫秋山弘贵的高级编程师才28岁，被抓的时候手持被盗学校东京都府中市一所高中学校的女生运动服和袜子共8件，随后在他家里又搜出了40件女生运动服等。他的兴趣有点特别，主要是女生的袜子和运动服，在过堂时他说出了缘由，原来他喜欢闻女生的体味，只有运动服和袜子最贴近肌肤。

日本男人对女子学生制服的恋物情结已经上升到了盗窃的程度，而且连所谓的有头有脸的名人、执法者都忍不住去做这些我们认为无聊还败坏名声的事情，日本心理学家曾分析过原因并最后总结说："他们之所以不通过合法手段去买而选择窃盗的方式（在日本这些都是可以买到的，包括水手服、运动服，甚至有的女生为了钱出卖刚刚脱下的内衣内裤，虽价格不菲但据说这一行的生意还很兴隆），是因为他们不只是追求单纯的紧张感和刺激感，他们的潜意识里还有偷盗了某学校女生的制服等就有了一种对那个学校女生的征服感，满足了一种心理上的支配欲望。"

日本是一个"耻文化"的国家，无疑，如果因偷盗女性制服等行为而被抓被曝光了，那这个人基本上也就是身败名裂了。但一些日本人，包括有学问、有地位的日本人，为什么还是明知山有虎而前赴后继地偏向虎山行呢？

心理学家分析说，首先，日本人自古就受神话历史那些男欢女爱的"性随便"意识影响，实际上骨子里有着深深的对女性的不尊重感，这种"性随便"意识不只是受神话历史影响，而是在日本整个历史进程中被时时实践着的现实行为。虽然日本在历史进程中受到了中国儒家道德、道家思想及佛门法规的熏陶，但看《日本史》我们明白，日本人更多的是按自己所需汲取这些文化中必要的东西，然后结合自己的传统文化，最后融合成为一种独具特色但又有中华文化影子的日本独有的文化，日本人自己称为"国风文化"。在这些融合中，自古而来的"性随便"传承并未因受中国儒家文化影响而改变，而是一如既往地继续"随便"下来。而近代西化，受西方性开放风习的影响，日本人的性传承又与西方性文化糅合后"去芜存菁"，成为日本独有的、甚至令西方人都大跌眼镜的丰富的性文化。其中就包括模拟电车上痴汉对穿制服的女学生耍流氓的服务，而提供角色扮演的形象俱乐部更是集中了水手服、女警服、空姐服、护士服以及女教师服、女白领服等琳琅满目的制服情色服务项目。这些无疑都助长了制服癖们对制服女性的性幻想，更加刺激了他们对制服女性的征服欲。如此，恋制服癖越来越升级，直至偷盗女性制服，然后犯事被捉低头谢罪，感觉这已经形成了一个套路了。

日本人也研究，为什么日本男子对女高中生的校服会如此兴奋。专家认真细致的考证表明，日本男人恋上女高中生校服（包括水手服、格子裙、运动服）的理由有4条。一是"固着"。所谓的"固着"就是指人在过去某一时期如果有未得到满足的欲望，那么，在以后无论何时，如果都纠结于这个没能实现的欲望而一直耿耿于怀，就称为"固着"。简言之，就是指"固执"于未实现的欲望之意。举个例子，一般人都有在校期间恋爱的经历，而在日本，如果一个男生在校期间未能向喜欢的女同学表白爱意，而是一直忍耐欲望直到毕业，那么，这种欲望就等于没有发散出去，而是一直留在心里。这种一直耿耿于怀的状态就叫"固着"状态。这个男生成为成年人走向社会以后，看见穿校服的女孩就会容易兴奋，尤其是男孩子的性欲顶峰就在十七八岁的高中阶段，所以这个时期未能满足的欲望，一定是特别强烈的。以此推论，一个男人如果是在高中阶段发生了这种未能满足欲望的事情，那么，将来他成为恋物癖的可能性不仅大，而且由于恋制服成癖而走向犯罪的可能性也会很大。

二是"刷达"。"刷达"的意思有点近似于"固着"，既有胎教的意思，也有铭刻的意思。也就是说初恋对象如果是穿制服女孩的话，那么就像条件反射一样，哪怕是看到穿校服的其他女同学，脑里也会闪现出初恋女性的样子，即使长大成人了，看见穿校服的女学生也会莫名地兴奋起来。

三是"非日常感"，就是指不正常的感觉。经过调查对比，日本人认为，家里有姊妹的男性，因习以为常，所以很难形成对制服的兴奋点；相反，家里没有姊妹的男子，对制服的"非日常感"意识就会很强，这类人对女生制服的自律能力很低，所以，他们也是最容易恋制服成癖的一批人。

四是"玷污圣域的快感"，就是指专干不被允许干的事所带来的快感。学生服也好，护士服、空姐服或女警服也罢，某种意义上它们都属于不可污染的"圣域"，那想想也就明白了，玷污圣域会给日本恋制服癖的人带来多么大的快感，多么大的兴奋。所以，日本红灯区的一些情色场所如角色扮演形象俱乐部一直红火也就容易理解了，有那么多恋制服成癖的人，宁愿冒着被捕和身败名裂的风险也要去偷盗女性制服的行为也就容易理解了。

综上，我们弄明白了日本人异样的恋制服癖之成因，也明白了在日本还是有相当一批如此迷恋制服的"铁粉"存在，这也就是日本人所说的"拜物爱"了。

二、制服"萌"在哪儿

萌，本来是指草木发芽的过程，后来又延伸为事物的发生等义，也就是我们常说的"萌芽""萌生"之意。日本人把"萌"字拿去后一直也是使用上述意思，但是到了20世纪80年代末90年代初，随着"萌"字开始在日本的漫画、动画、游戏里广泛出现，"萌"的意思也有了很大的变化，可以说现在已经变成了一种对漫画、动画以及游戏角色表现喜爱之情的语言形式。具体一点说，比如在日本动漫中，"萌"字代表的就是刚刚从脑海里一闪而过的不夹带杂质的美好感情，如喜爱、欣赏、可爱及使人感到愉快等，那是含有一种被电到的感觉的。

最初，"萌"的对象特指漫画、动漫或游戏作品里那些年幼、单纯而漂亮的小女孩，即所谓"小萝莉"。她们的特点是"犹如幼芽般"的娇嫩、单纯和可爱，并以大眼睛、制服、超短裙、蕾丝边、长筒袜、兔耳朵等为主要特征。因为日本男性大多对娇小玲珑的女孩儿情有独钟，所以这种"萌"的感情在男人眼里可以说是既包含一种怜惜的爱，也隐隐透出一种性的欲求，严重者甚至可以演化成畸形的恋幼情结。

一般漫画、动画或者游戏里的女生大多是因"萌"而可爱，所以，"萌"在御宅族里就是用来形容可爱的女生。不过现今世道有点变，如今，日本人已经把"萌"的范围扩大到一切美少女和美少男的形象，样貌可爱、讨人喜欢的男性或者肌肉男甚至非生物也可用这个词来形容。而且不再仅限于可爱、帅气者，顽皮、呆板、冷酷等统统都被归到"萌"的大家庭里了。另外，"萌"从最初仅限于形容"虚拟角色"，到后来升级为形容真人、小动物、小物件等。

"萌"来"萌"去，这"萌"也就有了文化，曰"萌文化"。说"萌"是文化，是因为由"萌"的三大组成部分萝莉、正太、御姐衍生出的其他"萌形象""萌商品""萌语言"等已经形成了一整套的"萌文化"体系，这种"萌文化"不仅影响着日本人，还影响了周边国家，甚至欧美国家。

萌文化约在2003年，以东京秋叶原为中心地开始流行开来。秋叶原原本是以电器街闻名的，但自1990年代末开始又变成了御宅族电玩动漫商品的大本营，也成了萌文化的集中地。动漫中的"萌形象"如萝莉装、水手服、女仆装、空姐服、旗袍装等的现实化，也就是在那时候开始的，并成为流行至今的秋叶原的一道风景线。2004年，"萌"当选为当年日本全国第一新潮用语。很多日本年轻人不再用"喜欢""可爱""精彩"之类的词语，而一概代之以"萌"。2006年时，据调查，20～24岁的男生、15～19岁的女生中不少人表示自己言必称"萌"。甚至有年长的日本人抱怨，"萌"在古日语中是高雅词汇，而现在却成了最被滥用的俗语。但不管怎样抱怨，"萌"势不可收，因为它已不仅成为年轻人生活的一部分，更重要的是被精明的商人看出了其中的经济潜力，他们大肆开发"萌产品"，如"萌玩具""萌服装""萌家电"（将电视、风扇、空调、音响等拟人化，使"主人"一到家便可以感受到浓浓的爱意）。甚至连寺庙也为了搭"观光兴国"的顺风车而开发"萌寺庙""萌神社"等宗教"萌产品"，只是不知道这寺庙、神社变"萌"了，庄严感尚能存否？

"萌服装"受欢迎，"萌制服"业自然也是搭"萌文化"顺风车而大发其财。其实，"萌制服"本来就有优势，一开始流行的漫画、动漫和游戏中的"萌女"形象，除去大眼睛、长腿、幼脸之外，吸引御宅族们的还有"萌女"们穿的如水手服、萝莉装、格子裙等卡哇伊化了的制服。正是这些"萌制服"加上"萌女"的"萌态"才让御宅族们更加迷上"萌え"（萌）的。可见，制服在"萌文化"里也是起着相当大的作用的，尤其是水手服，可以说在动漫、游戏里都已经成为一种"萌"的代表。

曾在日本的推特上看到过一篇流行的《全国各地区女高中生制服萌点》的插画图解，其中对北海道、东北、关东、中部、关西、兵库、九州等地女高中生制服的形象萌点以图解的形式图文并茂地介绍了一番。比如说在北海道，格子裙校服加上羊毛靴的组合就好可爱，萌到翻；中部地区女生戴的别处很难见到的白色领子，也是很有特色的萌点；关西一带的长裙加黑色底袜、运动鞋，再背上帆布包，据说那已经萌到爆了；兵库、神户女高中生都有的familiar帆布手提包，还被赋予一种"淑女萌"的莫名之称。除去上述这些，像现在流行的仿女生制服，商家为了促销更是极尽能事，在校服的基础上变着花样儿开发萌点，使得我们这些路人甲得以在周末的商店街、游园地或者东京的原宿，抑或是万圣节时一饱眼福，欣赏到日本的各种萌。

不知道读者是否注意到一个现象，就是只要一提到"萌"，那人们首先想到的就是幼小、可爱，而几乎没人提成年人的"萌"，事实上也正是如此，"萌"是很难用在成年女性身上的。例如公司女白领突然戴了一个领花来上班，你可以说她"卡哇伊"，但却不能用"萌"来形容。

最近东京还流行女性在制服男身上找萌点。究竟什么样子的制服男性进入了日本女性的法眼呢？说出来也许没人信，现在在日本女性眼里最萌的据说是"佐川男子"，就是日本一家配货公司"佐川急便"的男性送货员。日本女性认为，穿着青色制服搬运重货物时的"佐川男子"是最萌的，那一种裹在制服里的阳刚之美简直萌翻天。据说一些家庭主妇会在佐川送货员到来之前涂脂抹粉，认真化妆，然后换上迎接客人的服饰，才能以一位淑女的形象开门迎接"佐

水手服的萌态

川男子"的到来。记得曾看到过一本女性时装杂志，其中有一篇介绍了东京女性排出的"最萌男性排行榜"，像自卫官、警官、飞行员、消防队员都在排行榜的前几位，看来，这日本女性眼里的"萌"和男性眼里的"萌"还真就不一样。从排行榜中可以看出，女性眼里的"萌"首先是制服男子，而且都是"高大上"的男子。除去制服，这些男性还有一个共同的特征，那就是差不多都属于阳刚、健美、英俊型的，用日语说就是"一开面"（英俊、阳光）的男人。由此可见，制服男在日本女性的心里还是占有非常重要的位子的。

三、制服的诱惑

制服诱惑，一般是指一种对穿着制服的异性（常指男性对女性，但也有女性对男性）产生的恋癖。由于在人们的既定想法里，身穿制服的女性（男性）都必须中规中矩，很严肃，很正经，部分喜欢刺激的异性就会对这类身穿制服的人产生一种征服感和探索制服里秘密的冲动。日本人说大多数男性都对制服女性有着一种特别的想法。为什么会产生特别的想法，理由之一是制服给人一种清纯、洁净的印象，那么，成长起来的男性看到制服就会唤起他们青春的记忆，因此骨子里会对制服有一种亲切感。另一个理由是日本男性认为女性穿上制服就会失去个性，而失去个性的女性容易接近。这是制服对他们的诱惑。

失去个性，从某种心理意义上来说，就是超出了自我的范畴，思维进入了共性的循环。用弗洛伊德的观点来说就是：制服属于"超我"，穿上它就意味着"社会规范"，因此在日常生活中就会起到压抑人的本能欲望的作用，而压迫越大，超我与本我的冲突就越大，自然，反抗也会越强烈。表现在性方面，特定场合本我对超我的破坏，表现为宣泄后带来的巨大的肉体和精神满足，于是制服在受压抑较深的人群中会显得有较多诱惑。听了这段妙论，以我们旅日日久的老侨民的经验来看，感觉这就是为日本男人量身定做的理论一般，简直太靠谱了。事实也的确是这样，无论从数量，还是从质量或者类别、个性化方面来看，日本都是当之无愧的世界第一制服大国，如果问其他国家的人对制服的情结有多深，因制服的普及度之不同，多少也是有差别的，但若问起日本人对制服的喜爱程度，据统计，喜欢制服的人占日本总人口的70%以上。

　　至于男人为什么对制服情有独钟，日本时装界是这样解释的：服装是性感的道具，而制服则是强化某一类性感的标志。性心理学家们的解释是：男人渴望反叛、挑战秩序，而制服常代表一种秩序和权威，那么，挑战这种秩序和权威对于制服的迷恋者们来说，就会获得异常的快感。这些听着靠谱，因为要理解人的矛盾行为，一般都会从人的动物性（本我）和社会性（超我）之间的矛盾着手。性更是如此，社会规范对性的限制更多，更加简单粗暴。但正如俗语说的那样，哪里有压迫，哪里就有反抗，越不符合社会规范的性，对某些人就可能越有吸引力。这背后其实是人的动物性的逆袭。制服是社会规范的标志，背后就代表着某些压抑和规范性行为的社会秩序，如此，我们也就明白了一些日本人为什么会觉得制服特别有诱惑力。

女人的身躯一旦包裹在制服下，对于某些迷恋制服的日本人来说，那就会散发致命的诱惑，让他们为之疯狂。如果问日本男性，哪些女性制服最具诱惑力，毋庸置疑，所有偏爱制服的男人，都会给出空姐制服这一答案。卡哇伊而又不失高贵感的空姐制服，曲线玲珑，令人浮想联翩，而且空姐可是真正飞在天上的"制服天使"，其诱惑力直接在万米高空之上。其次应该是女警制服，因为征服了女警就彻底地让日本男人直起了腰，那可是具有重大意义的、象征着征服了法律执行者的大事。然后应该就是护士了。温婉善良的护士小姐，总是男病人的性幻想对象，而近年来随着护士制服越改越好看，粉色、淡青色的护士服一改白衣天使的形象，洁净中还透出了淡淡的色彩诱惑。男人在懵懂的十七八岁期间都是怀春的，那个时候，端庄神圣的制服女教师就成了男学生心目中的女神。另外，公司里严肃、干练的白领制服女性同样是诱惑男人的杀手。

除去这几种，还有一种水手服其实是最具代表性的有诱惑力的制服。这是因为只有女子高校生的水手服才是日本男人的最爱，是男人心中永远的萝莉情节。从御宅族到欧吉桑都对水手服女生有着一种异乎寻常的兴趣，去虚拟世界里欣赏者有之，在现实中由保护欲变态升级为破坏欲，进而宁可犯罪也要一亲水手女生芳泽者亦有之，说穿了，不外乎是对穿着水手服的清纯女生的一种征服欲在作怪罢了。

在日本，不仅仅是男性被女性制服所诱惑，同样，女性也着迷于男性制服，但有趣的是正如上篇文章所讲述的那样，令女性所着迷的男性制服一般都是军服、警官服、消防服以及男空乘服等，而这些无论是哪一种展现出的都是流畅的身体线条、良好的柔韧性和强壮的肌肉。如此说来，裹在这些制服里的强健体魄其实才是她们潜意识中的真正需求。其次，日本女性被这些类型的制服所诱惑，并非只是因为这些制服能让她们感受到被保护的安全感和生育需求，除此之外还有挑战权威的快感存在。日本女性认为，冷静自控的男人都有一种"禁欲的性感"，而破坏这种岩石般的表象，让对方失控，才是她们被这类制服诱惑的又一个原因所在。看来，在打破规范、破坏秩序这方面，日本女性是绝对不输于日本男人的。

日本人的脖子情结

总的来看，涉及可以用作诱惑的制服，在表面上看或漂亮可爱或庄重英伟，但在背后却是代表着规范规则甚至权力权威，而对它们的破坏践踏就有种变态的暴力美和对现实社会无处不在的规则进行精神反抗的意思存在。脱去和撕裂制服，即是此心态满足的具体化，让人在潜意识里觉得征服欲满满，这些才是日本制服诱惑长盛不衰的潜在的主要原因，也可以说是另一种"制服力"吧，在这一点上，日本男女倒是一致的。

四、动漫的水手服效应

到了现在，事实上也说不清是动漫成全了女子校服还是女子校服成全了动漫，也许用"互补"二字形容它们的关系才最为恰当。

关于水手服等女子校服我们已说了很多，那么动漫是始于何时，又是怎样与女子校服扯上如此亲密关系的呢？

在这里我们需要先澄清一个事实，那就是关于动漫的定义。我们平时所说的动漫，其实日语称为"アニメ"（anime，读为"阿尼买"），本意是指以动画形式构成的所有映像作品。而"动漫"，是在华语圈流行的叫法，是动画（animation）和漫画（comic）的合称与缩写。如果再加上游戏（game）和轻小说（novels），各取其英文首字母组成"ACGN"就组成了这四个流行名词的简称，不过，这只是在华语圈流行的用法。现在用来用去大部分人渐渐认为动漫就是指日本动画（anime），已经忘了或者说一开始就没搞懂自己口中的"动漫"本来是动画和漫画的合称。

　　说起日本动漫的历史，日本人也爱占便宜，他们把1930年代在放映电影之前先播放的新闻短片中所使用的地图、图表之类的动态变化称作"线画"，自诩那是日本最早的"アニメ"。1940年代，随着日本"线画"《蜘蛛与郁金香》和《河豚的潜水舰》问世，"アニメ"的日文译法"动画"也开始被正式使用，而且一用至今。1950年代到1970年代之间，也把这种动画称为"漫画电影"或"电视漫画"等。大约也是从1960年代开始吧，"アニメ"的称法也已经出现了，这个叫法不仅一直使用到今天，而且似乎还在某种程度上被固定化了。现在"アニメ"已成为一种普遍的认识，倒是"动画"的叫法好像只有欧吉桑、欧巴桑们（父母辈）才会使用。

　　虽然日本人把他们的"线画"视为最早的动画，1940、1950年代也就已经有了真正意义上的动画问世，但真正让日本乃至世界认可的却还是于1963年1月1日开始播映的由手冢治虫制作的动画连续剧《铁臂阿童木》，这部动画片一经播出，不仅一炮走红日本，而且还被世界广泛接受，即使今天日本电视台也偶尔会重播，在中国也是盛誉不衰。1970年代和1980年代由松本零士原作、西崎义展和山本暎一执导的《宇宙战舰大和号》和有松本零士原作的《银河铁道999》以及日本著名动画导演宫崎骏的《风之谷》等，使得日本动画更上一层楼，成为收视率极高的人气电视节目。

　　到此时为止，水手服虽然在漫画和演艺界都开始崭露头角，但还没有与动漫发生直接关系。1992年3月7日，由日本东映动画公司制作的动画片《美少女战士》在朝日电视台开始正式播出，讲的是主人公月野兔在某一天意外救下一只头上有月牙印的黑猫露娜，从此改变了个人命运，获得月棱镜变身成为爱与正义的水手服美少女战士，开始对抗黑暗势力。《美少女战士》共制作了200集，连续播放5年，日本人民也陪同这部动画片一起热闹了5年，其中女主人公月野兔以及其他多名角色的水手服美少女战士形象，也在日本人心目中获得了由"初次见面请多关照"进而到"竭诚欢迎"的待遇。《美少女战士》虽然是最先尝试运用水手服的动漫系列剧，但经过5年的连续播放，以及它对后来日本动漫产生的影响和在国际上引起的不凡反响，实际上已经可以当之无愧地被定为运用水手服最成功的少女动漫剧了。即使到了今天，《美少女战士》中的美少女们变身后所穿的水手服的颜色款式及胸前装饰等依然不会输给当前最流行的水手服。以此，也足见《美少女战士》编导、服装设计师等所下功夫之深，前瞻意识之强了。

在今天的日本，制服动漫一个很大的消费对象就是御宅族，水手服也与其他样式的学校制服一样，在日本的御宅族心目中有着非常重要的地位。所以很多动漫都采用校服形象，除去著名的动画《美少女战士》，还有其他的如《凉宫春日》系列、《库洛魔法使》《东京喵喵》《海底娇娃蓝华》《犬夜叉》《幸运星》等等，都是以校服作为剧中主要人物形象服饰。不过，动漫当然是把现实中色调较朴素、长度较长的制服以夸张的手法改造成色彩缤纷炫目的迷你版校服，以此来吸引包括御宅族在内的粉丝们。

自《美少女战士》获得高收视率的大成功后，本来就已很火的女子高中生制服文化更趋火热，无论是现实的制服制学校里，还是社会上的角色扮演、仿制服流通、餐饮服务等方面，乃至情色行业的女高中生制服的使用，都得到了快速发展，尤其是御宅族对二次元（早期的动画、游戏作品都是以二维图像构成的，其画面是一个平面，所以被称为"二次元世界"，简称"二次元"，也称"幻想世界"或"架空世界"）的制服情结，使得制服动漫一直热度不衰，"钱"景良好。这就更推动了校服动漫的发展，如此良性循环，也间接带动了日本动漫走出日本，走向世界的步伐，这则又是日本动漫的一个扩大的良性循环了。

校服动漫如此丰富多彩，吸引了无数"阿尼买"迷。好奇者需要了解校服动漫中的校服奥秘才能更好地理解校服动漫文化。让我们把水手服按地理区域从上到下捋一遍。其实，日本水手服的衣襟通常分为两大系，即"关东襟系"和"关西襟系"。"关东襟系"又分为"关东襟"和"札幌襟"，也称"北海道襟"。而"关西襟系"则分为"关西襟"和"名古屋襟"，也称"东海襟"。当然，也有少数属于不在五行中的"变形襟"，它们采用的是有那么一点独家特色的"特色襟"水手服。再具体一点来说，札幌襟的领子是开得最短的，没有胸挡，领子是有弧度的那种。关东襟的领子则开得比札幌襟长，普通是和口袋齐平的，领子是直线型，没弧度，胸挡可有可无。而关西襟的领子开得就比关东襟长，一般开到口袋中间，领子是直线型，没弧度，有胸挡而且不可拆卸。至于名古屋襟的领子则开得超长，差不多到腰部，领子是直线型，没弧度，胸挡也不可拆卸。不过水手服襟领的V字领在动漫的二次元中，衣领是有变形的，比如为了体现"强气"、激进的特质，就会把V字领设计成立领式等。如果不了解水手校服关西、关东的这几大分类，看日本动漫还真是一大缺憾。

接下来看裙子与上衣的交接处，这一处可以说是水手服的精髓所在。一般的女生会利用上衣比裙子交接处要宽，上衣又比较短的特点而产生的视觉差来修正自己的身型，特别适合腰粗的女生遮掩腰部，而原本就瘦小的女生则会在水手服的烘托下显得更为娇小，成为自己扮萌扮卡哇伊得天独厚的条件。而在动漫的二次元世界里，动画设计者更是会利用这里的特点做足功夫，比如把上下连接变成连衣裙，宽大的衣领、衬托飘扬的裙子和狭窄的腰部，还有的会把裙子设计得更上一点，上衣更短一点，然后再在裙子上加上束腰，配上大眼睛、羊角辫就是萌到天的装束了。

水手服裙子的裙褶一般分3种，即轮褶、箱褶和百褶。其中轮褶是运用最多的方式，就是所有褶都是开向同一侧，整体上呈顺时针方向。箱褶则是指左右两边的褶是相互对称的。而百褶水手服校裙则是比较少见的一种，褶倾向于内侧，褶数也不固定。动漫中的水手服变形，因裙子处于很关键的中间部位，所以，设计者通常会在褶上下功夫，比方说取消褶，或者改动褶的形态使裙褶透出轻灵飘逸的感觉。

至于整体的裙子，最吸引御宅族和欧吉桑们的当然是裙子的长度了，那也是最能表现水手服魅力的关键部位。高中女生们一个普遍的特点就是几乎所有人都会把裙子往上挽，过膝已是平常。

再往下看就是袜子了，学生的袜子因为受规定所限，只算得上是包脚之物，本没什么特色，但就是这简单的袜子，也让女生们穿出了不一样的品位。例如，把长长的白袜子堆在脚脖处，透出一股娇慵懒散的诱人相，最近还流行起一种只及脚面的短袜，白白的脚踝露在外，徒增了几分性感。而动漫中的如黑丝长筒袜、粉丝长筒袜、吊带丝袜则是设计者呈献给喜欢水手服男性的一种视觉野性美和性感美了。

最后就是鞋子了，一般是黑色或者棕色皮鞋，或者是运动鞋等其他的鞋子，谈不上什么特色，倒是看过北海道冬天女生们水手服下的小蛮靴，那才是给人一种真正的卡哇伊感的女生用冬鞋。

说到底，在动漫的世界里，为了突出效果，把水手服设计得非常夸张的比比皆是，比如把上衣西装化，或者加上其他元素，而裙子则或加长或变短，整体颜色更是追求丰富多彩。不过，在了解了女生制服的地域分类、基本样式等的基础上再去看动漫化的女生制服，观感又是完全不一样的了。

我们再来看水手服与动漫不可分之亲密关系，除去商家炒作的效果及校服本身象征着清纯、洁净等因素之外，动漫商家还要考虑动漫的受众问题。除了喜爱女子校服的御宅族和一部分欧吉桑，真正的动漫水手服受众无疑是十几岁的放学后以漫画、游戏、动画为主要玩耍对象的学生，这才是动漫文化消费

的主力军，因为在动
漫世界里，含有校服
等所有涉及学校的元
素而发生的故事，都
像发生在他们身边，
但现实中又很难发生
的故事，这就吊足了
他们的胃口，让他们
对动漫尤其是涉及学
校内容和有着校服出
现的动漫欲罢不能。
正是这些综合因素的
相互作用，使得有关

动漫世界的水手服

校园的动漫长盛不衰，动漫与校服情缘难解。

五、制服的角色扮演功能

　　日本有句老话叫做"明白了制服也就明白了日本"。其实
笔者更想说的是，明白了制服的角色扮演就明白了日本人的
"本心"。角色扮演是什么呢？角色扮演本来是指装扮成电影、
漫画、动漫等虚构的人物之行为。但近年来角色扮演的意思有
了很大的发展变化，一般多用来指因喜欢特定职业的制服，或
者是动画、电影、漫画里某些人或动物的特别服饰，故而仿
造，然后把自己装扮成这些人或动物的行为，说穿了就是把

"假"装成"真"过把瘾的意思。

　　说起日本角色扮演的历史，一般认为江户时期流行的集体拜神和民众跳舞时假扮各种神鬼等民间活动是最早的角色扮演，个人感觉弥生时代日本女人的无眉白面黑齿装才应算是最早的角色扮演。不过这些也都是追溯一些历史罢了，在日本实际上直到20世纪80年代为止，角色扮演也只是断断续续地持续着，只不过是由传统的假扮发展成为模仿科幻电影、漫画里的人物而已。而勉强算得上是真正的角色扮演的，应该是20世纪80年代初在东京原宿等地流行的"竹之子族"的大会。这是指一伙一伙穿着大致相同的各式华丽服装在街头、野外大跳迪斯科的年轻人的聚会，而且对应其发展，一些服装店还专门为他们提供特制的衣装，所以说，那时才有了现代意义上的角色扮演。

　　而真正的角色扮演的发展应该说是在1990年代，那时，热衷角色扮演的人数开始成倍增加，而角色扮演这个词本身也成为流行语，原宿也开始成为角色扮演的天堂。1990年代末至2000年代初，角色扮演开始多样化，随着音像制品、网络的发达，角色扮演的游戏、动漫及网络角色扮演制品也相继出现。秋叶原一些电器店、饮食店为招徕顾客也纷纷让服务员以女仆、水手服等卡哇伊装束接客。尤其是近几年秋叶原周边的女仆咖啡馆、水手服餐厅等急剧增加，据说在秋叶原这个弹丸之地，这类店铺已达到50家左右，足见角色扮演产业的兴旺。

　　另一个可以看出角色扮演产业兴旺的是日本的情色行业，

在这个行业里角色扮演同样大显身手。前文提及的"角色扮演俱乐部"或曰"形象俱乐部"就是角色扮演在情色行业的用武之地。

可以说，经过这么多年的沉淀和发展，制服的角色扮演从最初单纯的意义已经转变为多样化、多意义的一种时尚文化。那么，说到底，具体是什么使得制服的角色扮演如此受欢迎呢？这要分对象来解释。针对学生制服的角色扮演，可以说学生穿上了制服，就进入了学生这个角色里，就会按照学生所必须遵守的守则按部就班地度过学校生活的每一天，在这个学生的角色里，因为大家都穿着统一的校服，不用每天为进入什么角色而苦恼，这对在学习上精神集中有着很大的帮助。同理，公司白领或企业工人也是一样，穿上了制服或工作装，就进入了一个工作的角色之中，而扮演好这个角色唯一要做的，就是集中精神做好这个角色应做的工作。由上述这些来看，角色扮演之所以受欢迎，应该是人们认识到（当然，组织早就先一步认识到了），只要穿

上了制服就可以进入角色，因为所有人都穿着清一色的制服，扮演一样的角色，所以，只要随众而行，在角色里努力就够了，如此简单，对极力避讳做出头鸟的日本人来讲，制服的角色变换可以说是让他们如鱼得水。不过，情色行业服务人员的角色扮演相对来说就比较难一些，因为他们要为各种嗜好的客人服务，所以就需不时地变换制服，进入不同的角色，既要自欺还要欺人，就不是简单的角色扮演了，这需要高超的演技，否则迷失在各种角色中最后弄得忘记了自己是谁，那就"卡哇伊少"（可怜）了。

六、制服的卡哇伊文化出口

制服不仅能创造经济效应，还能创造文化效应，而且制服的这种文化效应还能出口，尤其是制服的卡哇伊文化。至于卡哇伊文化的出口为日本创造了多少外汇收入与我们无关，不过，这种文化本身的出口给日本带来的巨大宣传作用却是有目共睹的，其价值也不是能用金钱来衡量的。正因为日本人深知个中三昧，所以，也才有了穿着代表日本风格的水手服、原宿装等的"卡哇伊形象大使"出使四方之举。

那么，什么是卡哇伊？卡哇伊文化又指什么呢？卡哇伊，是日文"かわいい"（可愛い）的音译，可爱、萌之意也。一般用于人、小动物及小巧玲珑的物件等。在形容人的情况下，一般是指幼儿或年轻人，不过，在一些特殊语境中也会用在上司或年龄大的人身上，比如日本现任副首相兼财务大臣麻生太郎，因其嘴大任性口无遮拦，就被喜欢他作风的年轻人称为"卡哇伊欧吉桑"（可爱大叔）。卡哇伊除了上述意思，其实还有一种"可哀相"（可怜）的意思存在，是由"可怜"衍生出的一种"怜爱"。

　　而"卡哇伊文化"，我们称可爱文化。它可以是卡通人物大大的眼睛，也可以是LV包上的小樱桃印花、手机壳的假钻石贴纸、衣服上的佩饰、女孩子耳朵上精致的坠链等，而现今流行的萌制服、改造或仿造的水手服等也是卡哇伊文化的一种派生物。总之，卡哇伊文化可以说是日本人对所有令人感到可爱的事物的提炼与浓缩。个人认为有几个有趣的现象可以说明卡哇伊文化在日本的无处不在，比如在成田机场曾看到日本航空的客机机身上印有一个大大的黄色皮卡丘，虽巨大却一点不影响它的可爱，简直是萌翻天了；日本人还把超可爱的卡通漫画等印在厕所卷纸上面，令人如厕时偶尔就会纠结于到底是否使用这超卡哇伊的手纸。总之，日本人的卡哇伊文化可以说是遍及方方面面，在日本到处都能找到卡哇伊的影子。这几年日本官方总是提到要靠"卡哇伊文化的力量来征服世界"，那不仅是因为日本的"可爱文化"十分繁荣，而且多年来，卡哇伊文化也一直潜移默化地影响着其他文化，进而潜移默化地影响着其他文化区域的人们对日本的好感度，所以从某种意义上简直可以说，现在的卡哇伊文化在日本已经绝对是不可或缺的一种存在了。

　　近些年来，随着互联网的发展和日本政府致力于"观光兴国"政策的奏效，日本的卡通、漫画、动画以及制服的角色扮演等流行文化也纷纷传播到了周边和欧美等国家，并为这些国家欣然接受。正是看到了这一点，日本外务省（外交部）于2009年发起了宣传日本形象的活动。3名符合"卡哇伊"形象的少女被日本外务省任命为向海外传播日本流行文化的大使。这3名"卡哇伊"大使分别是被日本时尚界称为"校服魔法师"的藤冈静香、身着甜美风格服饰的时尚杂志模特青木美沙子以及东京潮流地原宿的形象代言人木村优。据介绍，3人的正式头衔是"日本流行文化传播员"，昵称为"卡哇伊"大使。负责物色人选工作的日本外务省官员介绍说，日本流行文化元素，例如动画、卡通、角色扮演等，在世界各地都很受年轻人欢迎。日本外务省发言人还指出，她们都是"哈日"族最欣赏的日本形象，选她们为亲善大使可扩大日本的文化号召力。因此，日本政府希望这三位分别代表不同风格的流行前线领军人物在传播日本流行文化的同时，还能在帮助日本摆脱当前经济衰退方面起到一定作用。

这其中也涉及"角色扮演"，看三位形象大使的角色扮演服饰，也就能看到这几种服饰在国外的知名度。甚至根据周边国家对这些服饰的反应和模仿程度，可以看到卡哇伊化了的流行制服如水手服等已经成为国外年轻的"哈日族"们的新宠。

说起水手服在国外人气的缘起，还得从日本的漫画、动画等说起，正是因为日本动漫在世界范围内广受欢迎，动漫里的"时装校服"（稍加改变加入了流行元素的仿校服）也就作为动漫不可分割的一部分开始走红了。

　　曾看过一篇记事，说是在巴塞罗那最大的日本漫画、动画展示会上，记者采访穿着日本"时装校服"的女孩，问她为什么喜欢这样的校服装束，她回答说："日本的女子高中生的制服是'自由的象征'。"这个女孩之所以这样说，是因为校服本身本不允许随便改变，但日本高中生并不只是期待校服改革，而只是在不改变校服基础的前提下把裙子往上提一提，长袜往下堆一堆，或者把领结稍稍做些改变，融入了一点流行元素，就派生出了一种不一样的时装化了的校服感觉来，让人觉得这种产生了不一样的感觉的日本高中女生制服很美，所以她也认为日本女高中生的这种校服是自由的象征，从而喜欢穿，这就是西班牙巴塞罗那吹起的日本卡哇伊风。

　　据说在时装之都法国巴黎，源自日本亚文化的"萝莉服"成为最近巴黎女孩追逐的时髦装。所谓的萝莉，即洛丽塔的缩写，原指1955年俄裔美国作家弗拉基米尔·纳博科夫的小说《洛丽塔》，或指小说中的女主角——12岁的洛丽塔，后在日本引申发展成一种次文化，用来表示可爱、"萌萌哒"的小女孩，或用在与其相关的事物上，例如洛丽塔时装。其风格类似古典的少女装，具体包括及膝裙、蕾丝边、丝带、长袜、厚底鞋和精巧的装饰物等。其实看上去就像小时候女孩玩的布娃娃。

　　在日本东京的原宿，每逢周末，三五成群的萝莉族就上街招摇了，虽然颜色、样式略有区别，但上述萝莉装的基本搭配都是一应俱全的，从这个意义上来说，就也有一点自发的制服意识存在了。每年的万圣节也是萝莉装最大的展示会，不过，这时的萝莉装就又加入了万圣节的元素。比如，洁白的萝莉装上弄得满身血迹或墨迹，再加上脸上涂的血装，基本上就是半夜坟圈子（墓地）里走出来的萝莉鬼了。不过，萝莉装作为一种日本次文化的流行服饰，它凭借动漫、网络毕竟也走出了国门，而且还有了欧洲粉丝。有趣的是，萝莉装在韩国、中国的香港和台湾及东南亚这些"哈日族"最多之地倒似乎没能火起来，或许这有些触及各国和地区的民族传统文化底线吧，估计就是从长远来看，萝莉服在这些地区也不大流行得起来。而欧洲则不同，看今天的萝莉装多少都有点过去欧洲女性裙装的影子存在，所以，萝莉装也更容易被欧洲人接受。

　　日本女高中生的水手服或格子裙服在亚洲又是怎样一种情形呢？据日本的卡哇伊文化宣传资料介绍，泰国、韩国，甚至中国台湾和香港的女生都很热衷于水手校服，而在这些国家和地区也确有一些学校已经采用了模仿日本的水手校服，尤其是菲律宾，虽然他们的国民经济水平并不够高，但喜爱水手服的女生们还是三五成群地以穿着仿水手服为时髦。

　　日本的卡哇伊制服在我国大陆又是怎样一种情况呢？日本的AKB48音乐组合的成名虽然是有多方面因素，但不可否认，她们的卡哇伊演出服，尤其是卡哇伊水手服、格子裙也功不可没，因为AKB48音乐组合是靠经营粉丝生存的，她们的铁粉御宅族、大叔族等正是为了这些卡哇伊制服才去看她们的表演，从而慢慢成为她们的铁粉的。而中国的 AKB48 粉丝也是一样，首先他们从日本漫画、动画里熟悉了这些制服或曰仿制服，AKB48 一传到国内，这些日本动漫粉丝就感觉动漫里的人物活了一样，从此开始追捧 AKB48。

其实，日本的这种卡哇伊制服在中国早已有之，当年随着日本企业进入中国市场，常驻中国的日本人增多，制服的这种角色扮演的暧昧文化就随着他们一起进入了中国。当时北京、上海日企集中的地方每到夜晚，霓虹灯闪烁，就能看见街头巷尾那些"制服组"的广告招牌亮起来，其上赫然写着有护士服、水手服的角色扮演服务云云，并且有护士服、水手服的

水手服的出口效应

卡哇伊少女广告画为证。当然了，在里面工作的中国女孩，应该算是第一批穿着日本角色扮演的护士服、水手服的中国人了吧。前些时候看到报道，日本原宿水手校服鼻祖、时尚品牌"CONOMi"正式登陆上海高岛屋百货商店，报道说：中国制服癖们这回终于可以在上海买到原版的日本学生的卡哇伊制服了。其实，那些都是仿制的。不过，这倒是说明了一个问题，那就是在中国国内现在确实存在一批喜爱日本水手服的人。而卡哇伊制服品牌都开专卖店了，当然是已经有了一定的市场规模了。要知道，日本人是从不做亏本买卖的。从这个意义上来看，卡哇伊制服文化的出口除了在意识形态上宣传日本外，还真开始有了实实惠惠的经济效应。可见，日本努力打造的卡哇伊世界共同语，正在日本人精密的计算下一步一步切实执行着。

七、AKB48 制服的经济效应

AKB48 的第七回总选拔赛是于 2015 年 6 月 6 日在日本福冈雅虎棒球场举行的，之所以选择福冈的雅虎棒球场，是因为它是可以容纳 5 万人的全日本最大的室内体育场。顺便提一下，AKB48 总选拔赛每年举行一次，到 2015 年共举办了 7 次，粉丝人数年年增多，前六次分别为 1 000 人、3 000 人、10 000 人、10 000 人、70 000 人、70 000 人。由数字可见，AKB48 总选拔赛的参加粉丝人数是呈跳跃性增长的，尤其是第五、第六次都达到 7 万人，那只是一天而且是一天内唯一的一场活动，其经济效益显而易见。

那么，AKB48到底是一个什么组织？它又何以能在短短的十年左右就异军突起，风靡整个日本乃至周边国家，并创造出如此惊人的经济效应呢？在AKB48成功的背后，制服又起到了怎样的作用呢？

AKB48是日本著名的女子偶像音乐组合，成立于2005年12月8日，由作词家秋元康担任总制作人。其团名的英文缩写AKB取自AKB48的主要活动据点——东京的秋叶原（简称Akiba）。至于数字48的来历，据说最初AKB48在确定演出团队名字和人数时，当时所属事务所的社长芝幸太郎看到报上来的欲结成50人左右的演出队伍的报告时说了一句话："如果选50人左右的话，那就定为48人吧。"原来这位社长喜欢4和8这两个数字，按日语的读音，这俩数字可以读作"喜爸"，而"喜爸"也是这位"芝"社长的"芝"姓的日语读音。如此，AKB48表面上看是由三个英文字母和两位数字组成的，而实际寓意却是"AKB芝"，也就是暗喻AKB48是属于姓"芝"的。不过，必须承认人家的远见卓识。记得AKB48组合当初在秋叶原的第一场演唱会，观众总共72人，而其中只有7人是普通购票观众，另外65人都是关系单位的。但就是这样的开始，AKB48却在10年里发展成为一个如此火热的演出团队，尤其是团队发展到2013年，AKB48的歌手成为日本史上单曲销量最高的女歌手（连续3年单曲销量过百万）。据统计，2014年2月，AKB48在日本的CD总销量突破了3 000万张，而到了2015年9月，AKB48的CD总销量更是突破了4 000万张，直接、间接地创造出了数千亿的经济规模，不仅拉动了低迷中的日本音乐市场，而且创造了无数的就业机会，成为一股不可忽视的力量。而且AKB48在取得成功后，总制作人秋元康还以相近模式陆续于日本其他城市及海外成立SKE48、SDN48、NMB48、HKT48、NGT48、JKT48、SNH48等姊妹组合，以朝不同市场发展。可谓在整个东亚地区掀起了一股AKB48旋风。

说起AKB48的成功秘诀，固然，总制作人秋元康所作的歌词功不可没，但在此首先还是要提提AKB48当初结团的经营理念。根据秋元康的想法，AKB48成立的原意是要让偶像这个概念，从以往仅出现在电视和大型演唱会会场的遥远存在，变成近在身旁，能让歌迷看见她们的成长过程，与他们一起成长的偶像，意即"能接触到的偶像"。基于此，AKB48以秋叶原这样的动漫市场为基地，将宅男或普通男士当作主要营销对象，最初以小剧场低票价吸引观众。小剧场是一个只可容纳250人的剧场，这样粉丝们就可以最近距离地接触到自己的偶像了。而且既能近距离看到自己偶像的表演，散场后还可以通过握手会和自己的偶像握手、拍照，以此，渐渐凝聚人气，赢取粉丝的支持。说穿了，AKB48一开始的定性就是走经营粉丝之路，而不是经营观众。AKB48的幕后运作团队还精明地利用这些把歌手的受欢迎度和对公司的贡献度直接挂钩，这就使得歌手们愈加努力了。

AKB48另一个吸引人的地方是不同于传统的大牌明星、偶像的演唱会动辄两三万的门票，AKB48从最初就把自己的票价定位在普通人都能接受的不超过一万日元的价格，这样，可以说是一下子把团队的粉丝层扩展到了所有工薪阶层。而且，团队在和粉丝互动方面，不仅仅有握手会，还有网上互动粉丝参与投票选举本年度最优秀歌手和歌手排名等。除此以外，因为AKB48音乐组合每年都有新旧交替，因此粉丝可以从偶像还没成为偶像的稚嫩时期就看着偶像成长，这样粉丝会无形中产生一种呵护情绪……

AKB48组合虽然人多显得有点乱，但正因为人数多，所以组合歌手们不仅演唱技艺有出入，也绝对谈不上全是美女，这就使粉丝产生了一种和偶像的亲近感，也就是粉丝不会把AKB48的偶像如以往的偶像那般当做女神来看，而只是当做卡哇伊的能够亲近的歌手对待，这也就是我们常说的接地气吧。这以上种种，可以说都是AKB48组合的幕后运作团队希望达到的效果，他们成功了，而且是大成功。

除了上述这些把AKB48引向成功的因素之外，还有一个不可忽视的因素就是AKB48歌手的服装。AKB48出道之初，正值日本女学生的水手服、格子裙等时装化、时髦化甚至情色化的热闹时期，AKB48幕后运作团队充分利用人们的校服情结，在她们的处女秀上就让48名女孩子以时装化的格子裙校服装出场，接下来的无数次演出中，水手服、格子裙服也都起到了极大的作用。正是看到这一点，AKB48的幕后运作团队在一开始就由总制作人秋元康亲自挑头设计管理团队的演出服，并在团体规模成长之后，就开始在幕后经营团队中建立专业的服装制作小组，负责所有姊妹团体在各种不同场合使用的表演服装。据说至目前为止，AKB48 的演出服已经超过了 1 000 套样式，由此也可见 AKB 团队领导层对演出服的重视程度。事实上也正是这些亮点不断的各类统一的演出服，配上少女们载歌载舞而演绎出来的萌态、卡哇伊、天真及暧昧的软情色元素等征服了御宅族、上班族乃至最近的欧吉桑们，并把 AKB48 文化推向了周边国家甚至欧美，并在这些国家中同样取得了不俗的成绩。

不过，毋庸置疑的是，歌曲、短片场景、演出服等相叠加，才成就了一亿次的点击率。在 AKB48 音乐组合中起作用的还有他们那些与水手服等制服有关的经典歌曲，比如《不要脱人家的水手服》《裙摆飘飘》《水手服真碍事》等都说明了水手服元素在 AKB48 组合中的重要性。

日本著名经济学者、历史学家、作家、教授田中秀臣于 2013 年写了一本叫做《AKB48 的格子裙经济学：粉丝效应中的新生与创意》的书，书中详述了在日本景气持续低迷之下，AKB48 能长期独擅胜场的原因，正如书名中提到的"格子裙"那般，在支持 AKB48 创造一个又一个奇迹的诸多因素里，水手服和格子裙等演出制服同样是功不可没，也同样是 AKB48 的粉丝们离不开的 AKB48 文化元素之一。

CHAPTER

05
第五章

制服的未来

一、女子校服的百年路

1885年（明治十八年），日本政府废除太政官制度，取而代之的是日本历史上的内阁制度。第一代总理大臣为伊藤博文，第一代文部大臣（教育部长）为森有礼。森有礼新官上任，只烧三把火似嫌火势不够足，所以一口气放了五把火：一为帝国大学令；二为师范学校令；三为小学校令；四为中学校令；五为诸学校通则。不仅囊括了从小学到大学的所有学校，而且还炮制出一个诸校共通的规则，表面上看来绝对是要大干一番的意思了。

当时日本整体的服饰背景是向西方看齐，实行服装洋化，用伊藤博文的话说就是："我国的女人如果穿着日本服装出现在众人面前，是不会被当做人来看待的，只会被视为玩具或者人偶。"而他口中的"日本服装"即为传统的平常穿的和服。具体一点来说，根据尚存世的老人对当时学生服饰的回忆，当时学生的服装主要是长袖和服，以鼓形结带法、竖字式结带法、贝口结带法等结系腰带，脚穿麻衬草鞋或竹皮草履，梳辫子，束发，发型有裂桃式顶髻、唐人髻、稚儿髻等各式各样的发髻。当时，社会上流行反映阶层、年龄及品味的装束，因此，从女学生的衣着也就能轻易地分清楚是公家还是役人、武士的子女。

明治天皇可以说是西化的急先锋，皇家服饰自然也就率先引进了洋服元素，在皇室宫中服制转换为洋服的5个月后，于1886年（明治十九年），东京师范学校首先规定女学生改穿洋装，即为那种束腰、大蓬裙的近似于廉价晚礼服的装束。接下来根据文部省训令，其他如职业学校等也开始穿洋装，但似乎好景不长，一些地方因学生的学费不同于东京师范学校那样是由学校支给，而是源于地方税，故而抵制这种洋装。因此，除了秋田、宫城、福岛、新潟、山形、千叶等地，几乎大多数地方都对学生服洋装化训令置若罔闻。其实，即使在东京和京都，对洋服学生装不感兴趣的也大有人在。于1885年创刊的《女学杂志》是一本主要介绍女子教育、女权、婚嫁以及家庭等内容的杂志。在1886年因洋服化引发的服装争议热潮中，这本杂志曾详细地刊载了各方关于洋服与和服的利弊争论之说。有识之"妇"们指出：紧身衣压迫内脏，给女性的身体、妊娠与分娩会带来恶劣影响，而且和服美观高雅富有情趣，洋服像茶壶一样庸俗且不利健康等。

基于这些负面因素，学校制服洋装化并未能如政府所愿得以顺利实施，正由于此，在1889年（明治二十二年）的宪法发布纪念祝贺会上，宫城正门前身着礼服的各官立学校女学生一起迎接仪式开始时，根据当时的杂志记载，各校女生的校服就呈现出和洋不同、各式有之的混乱局面。只有由宫内厅管辖的官立华族女学校一直坚持洋服装束，这一方面倒是应了现在流行的"有钱就任性"（华族女校也是自费校服）之说，但更主要的是皇后的关于洋装化的《思召书》和《皇后宫的令旨》起了决定性作用，这倒算不上是森文部大臣的功劳了。

在当时，相对于政府在京都、各府县设立的官立、公立的女子学校，日本还有一种特殊的学校存在，那就是私立的女子学校，这些私立女子学校也受洋化风潮影响。明治时期开始，日本全国各地还出现了宣扬基督教义的洋风基督女子学校，以东京女子学院（成立于1889年，是由新荣女子学校和樱井女子学校合并而成）为例，原来的结发变成了简单的洋式束发，女学生们最初倒还是穿和服，不过脚上已经踢掉了木屐，换上了洋式鞋子，有些还戴上了帽子，想象一下就是一组土洋结合的奇妙服装，过了一段时间，和服换为红带子长下摆的裙服，那么，由洋帽、洋服、洋鞋构成的女子学院女生校服就一时间成为当时最为时髦的装束了。不过宗教学校毕竟是特例，而且这么时髦的装束似乎也仅限于京都一带，而限于费用自理和舆论影响，校服的大趋势还是回归和服。所以等到了1890年（明治二十三年）东京高等师范学校女子部从学校分离出来，成立了东京高等女学校后，洋装校服在该校就渐渐被废除了。据1894年（明治二十七年）该校的毕业照显示，学生衣着已经完全是和服装束了，同时期的其他学校包括地方采用了洋装校服的学校也都废止了洋装校服。所以，总体看来，从1880年到1894年这15年左右的时间里，受西化影响，尤其是受鹿鸣馆洋化风影响，日本女子校服可以说是经历了相当大的波动、变革。但总而言之，森有礼的学生制服洋装化这把火似乎没能烧起来。不过，1894年距森有礼被暗杀已经5年了，倒是应了眼不见为净之说。

　　大约从1900年（明治三十三年）到1910年（明治四十三年）前后，应该说是日本女学生制服改良的10年。当时的背景是中日甲午战争后，日本的女子教育方针发生了巨大转变，把女性的身体和国家的繁荣联系在一起，于是政府开始重视为日本生育、抚育大和子民的女性身体健康问题了。这时，诸如和服的不适于运动，甚至会影响到女性身体健康的论调开始出现并被热炒，并强调了和服因为前面裸露，会暴露女性的隐私部位等缺点。

　　如此，经过反复论证，女生穿"袴"（裙裤）就被提上了议程。恰在此时，被雇用来日的德国医生伯尔兹在1899年（明治三十二年）5月13日召开的私立大日本妇人卫生会上发表了讲话，阐述了他来日后以一个医生的角度经过对日本人卫生与健康的观察而得出的结论，演讲题目就为《女子的体育》。演讲从生理学观点揭露了日本女性服装的缺陷，主要讲了以下两点：一是对躯体的压迫，二是阻碍动作。具体而言就是和服的纽与带压迫躯体，长袖与长裾阻碍动作。比如，纽与带束缚胸部与四肢，造成内脏挤压与骨骼变形。内脏受到挤压会导致少食与消化不良，使人无法摄取充足的营养，骨骼变形将影响身体发育。而且沉重的长袖约束手腕与肩部的舒展，长裾又缠绕脚部，有碍行走。这些都属于需要改良的关键之处。随后，针对日本女性服装的缺陷，伯尔兹提出了关于带宽与质地、袖长，纽宽与位置、裾，搭配袴时的和服长度与发型等的改良建议。他说，"对比如今的装束，让在校女生穿袴是相当明智的。但是如果在穿袴的同时，依然搭配普通和服与腰带，也同样无济于事。所以穿袴的时候应该将和服长度控制在膝盖部位"。此外，他还提出了"做体操的时候，因日常服饰不便于活动，所以需事先定制预备运动服，以在体操之前换装"。

虽然关于女性穿"袴"一事吵得轰轰烈烈，但在伯尔兹演讲之前由帝国教育会召集召开的全国高等女学校校长协议会上，老一派人还是强调维护和服校装的正统性和重要性，对"袴"持消极否定态度，他们只是赞同把和服的宽袖改为"筒袖"（紧袖）以便于学生运动。不过，虽然"袴"未能马上得以实施，但改良的种子毕竟已经播下，接下来只需要一个契机了。

"野火烧不尽，春风吹又生"，现代化的服制改良，尤其是关于女子服改良的声音其实始终未断。1901年（明治三十四年）左右开始，日本的有识医师、教育家、美术家等相继在自己的领域以专家的角度来论证女子服的改良重要性并提出方案，集中在新闻杂志上发表。方案各式各样，有综合"朝鲜袴"和欧美服饰设计出的新型袴，也有从经济面出发的提案，主张完全采用窄袖及袴的，也有的提案建议废除带子，主张完全采用节约省时的纽扣样式。提案嘛，自然有赞同有反对，吵吵嚷嚷到最终，真正进入实践阶段时却还是"男尊女卑"了。男性的窄袖、袴等改良型被真正投入了实践，而女性服总体的改良却因成年女性的和服与窄袖不配等陈腐观念基本上没能得到实践的机会。

1902年（明治三十五年），在《妇女新闻》周刊上刊登的一篇《女子学校制服论》引起了讨论，也许是女子学校制服改革一波三折被压抑得太久之缘故，令人喜出望外的是，这篇论文一经发表，直接催生了女子校服的改革。接下来，各女子学校都相继开始采取对学生服装的规制措施，具体到刘海、头绳、雨伞颜色等都有明确规定，但从当时各女校的规定来看，大半还是以和服为主的，只不过很多和服已经采用了窄袖和袴，与传统的和服已经有了相当大的区别。

　　说了半天，实际上所谓的女校服的改良，其根本不过是"袴"的取舍存废问题，其余的诸如运动鞋之类的都是顺带的毛毛雨而已。事实上，日本当时的女校服"袴"的普及也是经历了许多波折才最终确定的。最初在日本只有与宫中有关系的华族子女才被允许穿"袴"，直到1898年（明治三十一年），东京女子高等师范学校附属高等女学校借《运动的奖励和通学服装改良之必要》的规定出炉才得以穿上了"袴"。而地方学校女学生能穿上"袴"，则要感谢天皇和皇族的地方视察，那时，允许学生穿"袴"接受天皇的检阅和皇族的视察，从此地方学校的学生才有了"袴"穿。这中间从京都到地方还经历了无数次的反对、制止、最后妥协等较量，一条女学生的"袴"还真可谓"穿"之不易。

　　"袴"定下来了，1900年至1920年间的女生校服也就有了明确的形象，看当时留下的画像，女学生一般情况下是头顶束发，上下系两个发带儿，达胸高的红褐色袴里面塞着显得短短的和服上衣，足蹬一双黑皮鞋，手持雨伞等，有的系着带有徽章（校章）的腰带，有的肩上斜挎着米黄色书包，凸显出一派很有文化的清纯女学生模样，据说这就是当时女学生最时髦的校服了。其中，腰带上的徽章很重要，本来是为了与一般工作女性装相区分才有了徽章。而且这个徽章从一出现就被限定为只有在就学期间才可以戴，毕业式后必须摘下还给学校，当时是考虑徽章的循环使用，但没想到，学生们却对徽章产生了深深的感情，因为从戴上徽章那一刻起，学

明治时代和洋结合的女子校服

生就有了一种归属感，而当毕业摘下时，则只剩伤感了。这种徽章制度在日本一直传承了下来，通过徽章显示出的群体意识、归属感也被传承下来，而且还被发扬光大。徽章，也成为毕业生对学校的那份浓浓校情的纪念物之一。

到了1920年代由"袴"和徽章组成的半和式女子校服，又开始了一次洋风化。日本女生校服的再次洋服化与第一次世界大战相关。一战时，欧美国家取消了紧身褡和长裙，德国、英国的女性以清爽干练的风格，用或参军或做警察或做后方支援等方式参与到战争中来，这些对日本的女子教育产生了极大的影响，促使日本开始正视女子教育并思考女子教

育的方向性大问题。因此，从卫生、方便、经济的角度出发，日本政府也开始全面推广洋服，于1920年（大正九年），推出了《服装改善方针》。也许是因物价高涨导致的节约意识起了主导作用，也许是陈腐意识消退，现代观念被普遍接受的缘由，总之，这一次倒是上上下下都很顺利地接受了这一方针。1920年，东京女子医学专业学校的学生提出，要和男医生一样穿洋服。这被认为是日本女性从医生这一职业出发对服装功能提出要求，表明女性独立承担社会工作和责任的意识觉醒。

这次日本学校的洋服化，可以说是划时代的校服变革。从女校来看，首先是京都的校服洋式化，接下来各地方高等女学校也纷纷开始推荐、引进制服洋服化，这一过程，几乎贯穿了从1920年代初到1930年代初的整个10年间。也就是在这一时期，先是由京都府的平安女学院在1920年（大正九年）首先采用了英国海军服式的水手服，是属于带腰带的连衣裙，接下来则是由福冈的福冈女学院在1921年（大正十年）采用的上下分开的水手制服，今天日本全国普遍穿着的水手校服就是由福冈女学院最初采用的这种女生校服。

经过了十年的磨合，其中有各种尝试、实践、赞成、反对，但最终还是走向了校服的统一化，而且是向水手服的统一化。据说制服被更改为水手服的根本原因在于女生们对水手服的憧憬，其实正确地说是因为水手服的轻盈、便利、经济才广受欢迎，并最终成为女子学校制服的典型样式。当然这其中更为重要的是校服制度化，在某种程度上也可以说是学校

和国家对学生享有权利的问题，是日本走向现代化的过程中
把学生工具化的问题，这才是水手服能得以顺利成为校服的
关键。

　　不过当国家完成现代化之后，制服又成了一种独特的文
化，衍生出了各种各样的社会潮流、情感观念和另类的校服文
化。1930年代，日本从侵华开始，陷入战争的泥沼，直到战
败，甚至战败投降后很长一段时间，日本的校服发展也像日本
发动的侵略战争一样陷入了泥沼之中，在一切为了军备的前提
下，女生校服也变了样，女生们下身穿一种叫做"梦派"的灯
笼裤，上身则是把各式各样的和服上衣或水手服上衣等塞在灯

明治时代校服

笼裤里的上装，没有战斗帽，在需要的时候头上就扣一块黄褐色的布。那种窄裤脚的灯笼裤利落倒是利落了，但无论怎么看都是适合农民种田穿的裤子。从此，一段时期再也看不到轻盈的水手服了，当然，也看不到穿着水手服的女学生们可爱的风姿了。

风水轮流转，经过战后重建，到了1960年代至1970年代，日本校服又恢复了制度化，水手服重新闪亮登场。不过，在60年代的全球范围的青年反抗运动中，日本也凑热闹发起了反对制服运动，而且至今仍有不少的反对声音存在，但制服被认可和接受毕竟是主流，尤其是水手服，喜欢水手校服的女生一直以来都占绝对的高比例。

1980年代，水手校服更是和流行文化沾上了边，当时的流行音乐、电影、动漫甚至小说都喜欢加入水手服元素，事实证明他们的眼光是准的，这些作品无一例外都得以大红，因此，也成就了一批歌手、演员和作家。

1990年代可以说是水手服的动漫年代，因动漫里的水手服大受欢迎，水手服甚至在动漫世界之外也开始大行其道。2000年以后，水手服热度不但不减，而且还在AKB48的水手服热演中更加升温，并使得水手服的"萌文化"得以发展起来，几乎颠倒众生。某种意义上似乎可以说日本制服始于加强控制，然后经历反抗，但最终还是成功转变成为一种规制、一种时尚和一种文化。

其实，从女子校服的历史和现状我们也能够窥见日本近百年的社会和文化之变迁，从中也反映出了诸多西方价值、自由主义与日本文化、精神的冲突、角力，由此可见，女子校服不仅在校内，在校外，由百年前至今，它也是扮演着重要角色的，尤其是今天，象征着日本女生校服的水手服在校外的价值，恐怕连身为水手服始祖的英国也要瞠目结舌了吧。

二、不想裹在制服里的日本人

哪里有压迫，哪里就有反抗，一些日本人感受到了制服对作为个体的人的自由、个性发挥等的压抑、压制，就开始寻求反抗。

虽说支持制服在日本是大势，但反对声音从未断绝过，受自由之潮影响，近些年还有变成反对声浪的趋势，素来以"嘎忙"（忍耐）著称，逆来顺受地裹在制服里的反对制服的那些日本人，终于也发出了"不做'制服'的奴隶"的呐喊。

明治西化，服饰也洋化，整个日本就像热血青年般，吃牛肉锅穿洋装。洋装既然穿在身，心自然也不全是日本心了，于是保护传统服饰、反对洋装的声音就渐渐出现了。不过，有皇上皇后带头穿洋装，而且是日本历史上少有的皇家握有实权的明治大帝带头，慢慢地反对声音也就偃旗息鼓了。不过，也有立场十分坚定的，比如当时的作家、歌人、文化学院的创立者与谢野晶子就在1921年（大正十年，明治天皇去世10年后）的时候，公开站出来反对学生服装制服制。她总结了三点反对理由：一是校服埋没个人性；二是校服具有阶级的差别思想

（这主要是就当时华美的华族学校制服与一般学校制服之差别而言）；三是校服虐杀女子的容姿美。她认为，"学校既不是监狱也不是军队，是学生时代的青春女子生活学习的地方……从自由教育的角度来看，制服是旧式封建专制主义遗留下来的糟粕……"云云。因此，她在自己创立的文华学院里不设制服，所有学生都穿既美观有个性又轻快活泼的洋服，成为当时重视个性和美的一种教育模式。大正时期虽然只有短短的15年，但大正前期可以说是继承了明治时代的遗产并维持了一个盛世的时期，而后期则受欧洲影响民族自决浪潮十分兴盛，民主自由的气息浓厚，文学气息清新，因此，大正时代后来还被称为"大正民主"。正是在这样的氛围下，才会允许与谢野晶子等人的率性之言率性发展，也才有了这种重视个性和美的学校教育模式出现。

经过了战时的一段服装发展的黑暗时期，战后，洋装开始一路顺风顺水，制服也随之渗透进各行各业，但同时也迎来了对制服的赞否之讨论。正如李长声老师的新书《瓢箪鲶闲话》中的"瓢箪鲶"那样，按下葫芦起来瓢，反对制服的声音又是此起彼伏，而且理由也都冠冕堂皇，诸如"扼杀了企业员工的个性""制服使员工随众性增强从而导致创造性趋向泯灭""不是审美疲劳而是大家都穿一样的制服根本就无美可审"之类。但与制服的正面意义如"制服使人团体意识增强""对组织的归属感增强"以及"制服使得组织成员的忠诚感增强""制服使人的行为更加规范，增强向心力"等相比，反对理由明显不够充分，也因此使得制服得以风行，反对无力。

　　这期间学校制服也得以大力发展，一开始为追求运动方便而放弃和服校装，借洋化之风，那时只要是洋东西就都好，自然也就没多少人说洋服不好。所以在20世纪30年代可以说是学生主动要求穿制服，认为这是文明的象征，这正符合当时大多数校方的思虑，因此，学生的主动要求可谓与校方一拍即合，后经政府、大众认可，校服也自然走向了制度化。

　　当时的校服制度化，在某种程度上也可以说是学校和国家对学生享有权利的问题，是日本走向现代化的过程中把学生工具化的具体措施之一。而当国家完成现代化之后，制服又成了一种独特的文化，衍生出了各种各样的情感关联、社会潮流等。到了20世纪六七十年代日本学生制服已经几乎完全制度化后，却又掀起了反对制服的抗议活动，其实这就是衍生出来的社会现象的具体表现之一。日本推理作家东野圭吾就在自传里写过，他的中学是最早反对穿校服的学校之一，而反对的理由和一些教育专家的意见不谋而合，还是制服压抑个性、束缚自由、昂贵又不能经常清洗等。尤其是20世纪80年代末开始，女学生为扮萌扮可爱而把水手服加以改造修饰，从而引动了那些具有"非正常制服情结"之流的异常恋物癖后，再加上女学生中间出现了以水手服为招牌进行"援助交际"的现象，甚至一些情色经营者们也都挖空心思利用水手服做文章以牟利，于是，泛泛意义上的反对制服声音被学校制服尤其是女学生的水手服所带来的种种负面影响所吸引，反对者们开始对校服进行无情的鞭挞。

　　我们还是先听听校服的穿着者——反对派学生们的具体

制服卖春女学生

反对声音吧。

　　有些学生是直接从历史上的制服功用角度来看待这个问题的，他们发声问道："所谓的制服在过去是为了什么而存在的？那是为了在战争中分清敌我而穿的，那么，为什么那种战争时代的产物现在还必须继承呢？"也有些反对制服的学生认为，作为职业人穿制服是完全应该的，但作为义务教育时期的学生必须穿制服和黑皮鞋、白袜子，而且不能做发型、抹头油、打发蜡、戴耳环等，被管制得太过分了，因此不能忍受。况且作为中学生，正是身体成长最快的时期，这样的时期每日必须穿着那种僵硬得让人喘不过气来的校服，根本没有任何意义。总而言之，这种"强制"的东西本身就不可理喻。还有学生说："我从一开始就讨厌制服，我不明白自己为什么不穿校服不行？我也不明白是谁以什么理由制定了学生必须穿校服的校规，这不是从义务教育时期就剥夺了学生的个人表达自由吗？如果大家都认为校服抑制了个性，那么，共同来打破"校规"才是更有价值的事，最起码也要达到穿校服上学，进了校舍可以穿私服的最低标准等"。

如果说上面的这些反对声音还很片面，也显得幼稚、不理性，那么，以下反对校服制的学校总结出来的理由就不得不让人正视了。他们对校服持否定立场的理由是：第一，因日本是岛国，季节、天气变化既快又大，所以以固定的校服难以灵活地应对季节的推移和天气的瞬息万变，特别是在季节、天气转换之际，冷暖瞬变，校服不能起到及时的应对作用，因此，从这个意义上来说，制服是非常不方便的；第二，因制服缺乏自主性，每天穿着同样的衣服，这让学生难以发挥个性，当然也不能以舒服的衣着接受授业，久而久之，学生的自由想象能力都会受到抑制，那么，结果就是培养出的都是缺乏创造性和进取精神的学生；第三，从经济效果上来看，校服都是学校指定服装商定制的，自然价格不菲，而且还需要定制适合季节的数套制服，而这种价格不菲的校服毕业后就不能穿着了，这不仅会给家庭造成经济负担，而且还不利于节约。综上，校服的穿着，存在着各种各样的问题。而且，校服被严格的校规所保护，而这种规则是以一种从上而下、俯视孩子们的角度来制定的，那么，校服的存续方式，就应该以更灵活一些的应对方法去重新考虑。

不想裹在制服里的日本人

《日本校服的社会文化论》更加具体地记述了持不同观点人士从经济性、平等性、便利性和精神性几方面的具体论述。

赞成论者认为：首先，从经济性来看，只要购买了校服，接下来可以一直穿三年而不用再买很多衣服，可以减轻父母的经济负担，从这个角度来看，校服是很经济的。其次，大家都穿制服，就避免了因服装不同而显露出的贫富差距意识。同样，因大家衣着相同，从外观看也就不会产生诸如羡慕、嫉妒等心理，使得学生们能和平相处。而且还因自己就是校服族，所以，学生在家里也不会因兄弟姐妹们参加工作有了收入以至穿着有流行感而感觉自己与别人有差别，产生自卑感等，这是唯有校服才能带来的平等感。制服赞成者们还认为，校服有无可比拟的便利性，穿上它去参加活动时，不用纠结于穿什么衣服去才得体而又不失礼这些烦琐事情，可谓是"冠婚葬祭"所有仪式通用。而且，穿上它，还能一眼识别出是哪所学校的学生，另外还会让别人时刻意识到这是作为被保护对象的学生。从这些意义上看，校服简直就是"神器"。最后是制服的精神性，赞成者认为，穿上制服，学生自然就提高了自觉性，在学习上也可以集中精神。正因为制服在身，压制住了学生的个性，才使得学生能够在心静的氛围里进入学习状态。此外，制服在身，还会使得学生们在集体活动中能自觉遵守纪律，保证秩序，同理，也能增强学生之间的一体感和连带意识。而且，由于制服的简素美，还能给个人的行动带来自制效果，并能使学校的教育环境维持在一个良好状态中。当然，因为学校主要是进行集体活动，赞成者认为，让学生穿上制服，也有借校服的各种优点来让学校整体的教育活动效率得以提高的期望。

那么，反对穿校服者在这四点上又是如何认为的呢？

首先，他们认为校服是品牌生产，因此价格相当高（日本学生制服一套要三四万日元，折合人民币 2 000 元左右），而且，毕业后就不能穿了，既贵又不能久穿，当然不具备经济性。其次，因每个人的体形、个性都不同，所以，校服对学生来说有合适的，也有不合适的，说穿同样的制服能显示出平等，简直是大脑短路的想法。而且，不能表现出个性的制服，是无视穿制服之人的自主性，这在真正意义上来说，根本谈不上平等。第三，校服不能经常清洗，因此不卫生，又不能根据季节的变化起到灵活应对的作用，尤其是要连续穿3年，这根本不适应发育期学生的体型变化。当然，从自由民主的权利上来看，穿上制服，也就丧失了自由行动的权利，所以，制服谈不上具有便利性。最后的精神性，反对论者认为，制服使得学生不能发挥个性，是把学生自主的眼睛摘掉了，让学生变成了瞎子，妨碍了喜欢潇洒装束、有自我表现欲的学生的人权。被制服管束，被纪律所束缚，不利于学生的精神卫生，而且一穿就是3年，就像让你在3年的时间里每天都吃一盘炒白菜，肯定腻了，当然也就难以做到良好的心情转换。穿上制服，还要被作为团体成员管理，不许展现个性，这会在学生心里留下不满。穿上制服也就等于把学生可以自由发挥的创造性扼杀，成为没有个性的被统一心灵的人。

　　总而言之，校服赞成论者也罢，反对论者也罢，都是"公说公有理，婆说婆有理"，但明显的是，制服赞成论者占据了极大的优势，一个简单的理由就是如果学校废止了校服，允许学生自由着装之后，学生又会费心于穿什么、怎么穿，这就又产生了新的烦恼，特别是女生为每天的服饰搭配绞尽脑汁，在这种情况下，制服反而减轻了选择压力。而且，事实上，进入21世纪，不仅反对校服制的学校有些已经穿回了校服，而且，受制服的衍生产品影响，现今的社会上竟然出现了"仿制服"的潮流，在着装自由的校园，女生们自愿穿上了制服，把市场上的服装、仿制服、其他学校的制服混搭在一起，校服似乎已经走上了五彩缤纷的新路。记得1989年在联合国的儿童人权委员会开会期间，日本的学生曾经随日本代表团一起赴日内瓦参加会议，但会议期间，没有任何征兆地，日本学生向联合国儿童人权委员会提出了"废止制服"的申请，不过联合国儿童人权委员会不客气地把申请搁下了。开什么玩笑，这个世界上穿不上校服的国家比比皆是，你们竟要脱掉校服，简直就是在这儿捣乱。一时间，日本学生的动议成为世界范围的笑柄。所以，在这样的大环境下，日本的制服反对者们妄想让学生脱掉校服，还其自由，那实则近乎于开玩笑了。虽然也曾有名人如教育家与谢野晶子和东野圭吾之辈赞成废除校服，但纵观日本人整体的制服情结，这还真是任重而道远的艰难之旅。

三、敢问日本制服未来路在何方

无疑，日本是世界第一制服大国，也是世界第一制服强国。起码在目前，这一认识是无人可以反驳的，这一地位也是无人可以撼动的。但就是这样一个制服大国、强国，这样一个制服文化繁盛的国度，其实，在制服的存废上也是一直争论不休的，日本制服将来的走向也一直是制服界乃至普通民众热衷于议论的话题。

关于制服的存废议论，在前面都已经略作了介绍，直到今天这种反对与赞成的议论也依然是老调重弹无甚新意，就不

——赘述了。本文中想就近两年来越来越被人们重视的"个人信息保护"话题对制服的影响做些探讨，然后再就整个日本制服的将来走向集日本各家之言做下介绍。

谈个人信息保护和制服的关系，就得先明确日本关于个人信息的定义。日本个人信息定义是这样的：个人信息是指能识别出特定的个人（自然人）的有关信息。当然，这里所说的人是指生存着的人。比如说记载有名字、出生年月日、住址、电话号码等的资料，就都被纳入2005年4月开始实施的《个人信息保护法》的第二条第一款之中。此外，具有个人身体特征、财产、地位、身份等属性的信息以及包括电子眼拍下的照片等也都被认为属于需保护的个人信息范畴。再具体一点说，就是包括姓名、年龄、出生年月日、出生地、住址、住民票（户口本）、个人番号、固定电话、公司地址、职业、收入、家属、本人及家庭成员的照片、指纹、静脉模式、虹膜、DNA的碱基序列、网址（包括手机的网址）、计算机的IP地址等，这些均属个人信息所包含的内容。而个人信息保护法就是处理、保护个人信息的相关法律。但这里有个有趣的现象，就是手机的网址虽然属于个人信息范围，但社团法人日本经济团体联合会（简称经团联）却主张，因手机号码根据机主意愿申请当日就可更换，而且更换掉的手机号码别人还可以申请再使用，所以，不能认为手机号码属于个人特定的信息，也许是因为这个，在日本维基个人信息词条里，确实也没把手机号码列入个人信息具体内容栏。

在日本，随着个人信息保护意识的增强，一般公司，像过去那样在西服领子上别着"社章"（公司徽章）上下班的景象也基本看不到了。但像一些建筑公司或装修公司以及运输公司等，为了起到宣传效果或者因行业需要，依然让员工穿着带有公司标识的工作服上下班。各种制服制作、销售公司也纷纷研究、重新制定把个人信息保护元素等融入进去的公司、学校以及一些特定行业的制服。虽然如此，基于制服对于公司和员工的重要性，即使反对制服的声音凭借个人信息保护之由再次活跃起来，但短时期内想改变这种现状还是一种不现实的考量。而在学校制服方面，一般人都认为，虽然反对校服制的声音一直未断，但在今后相当长的一段时间里，基于校服的便于管理等诸多益处和校服在目前的受欢迎程度，短时间内取消校服的想法还是不现实的。现实的问题是，基于越来越受到重视的个人信息保护问题，在是否继续使用带有学校名和校徽（一般日本私立学校都是委托校服制作商在制作校服时把校徽或校名等直接嵌入校服的领子或者左胸上部）的标识的认识上，一直是争论不休，作为赞成者的校方认为，校服上有了校徽和校名才更利于宣传学校和提升学校知名度，有利于对学生的约束和管理并提高学生的归属感，因此不宜取消校徽或校名。如果考虑到个人信息保护问题，那么，可以考虑让学生在校时穿校服，而在上学、放学的路上穿私服。如果觉得私服没品位的话，可以考虑委托业者设计制造类似年轻人求职活动时穿的那种西服样式的"通学西服"等。

　　学生也有学生自己的想法，学生里的赞成者认为，制服上带有校名和校徽，会增添自己作为某学校一员的自豪感和归属感、责任感等，而穿私服的话，久而久之，这些意识都会慢慢减弱减少，直至最后消失。而且所谓的个人信息保护对于学生尤其是女生，不外乎是为了防止"死盯客"，但正如她们自己所说的那样：对于"死盯客"来说，尾随两天，就绝对知道你是哪个学校的学生了，这和穿什么衣服本身的关系原本就不大。当然反对者也有反对的理由，老生常谈的如制服束缚了学生的个性发挥、不卫生之类的就不说了，在此只谈谈特别的反对理由。现在与时俱进的学生们的思想非常活跃，而他们反对校服的理由也很有意思。比如，有的学生直接就说制服制是军国主义的遗毒，所以反对。还有的因无法忍受立襟的男校服从而提议由大家来投票选购便宜的优衣库休闲服做校服。再比如一些反对者认为，就一般意义上而言，从教学质量、学校管理以及校服质量等多方面来看，人们对私立学校和公立学校是有着高低之分的世俗成见的，因此，带有校徽和校名的制服容易让学生产生差别感，甚至通过校徽和校名，连该校学生的平均偏差值都能猜得出来。试想想，公立私立两伙学生放学相遇于路上或通勤电车上，综合指数偏低的一方无异于在对方面前变成赤裸裸的劣等生般，那种滋味想象着肯定不好受。这个问题说严重也严重，因为搞不好会在一些内向自卑感强的学生中产生真正的负面影响，从而直接影响到他们的学习热情和学习成绩，而取消了校服制，这些问题就都能迎刃而解了。

　　不过无论是从社会、学校，还是家庭、个人，综合起来看，校服制同样在短时期内仍然还是学校的主流意识，是不会轻易改变的，尤其是在校服文化逐渐完善的今天。

倒是一个新的对校服的分类定义很有意思，作家三田村蕗子于2010年推出了一本书《角色扮演——为什么日本人喜欢制服》，在这本书的最后一章，作者提出了一个比较新颖的制服分类模式。她把制服分成"快乐制服""悲伤制服"和"无情制服"3种。她认为日本人总体来说是喜欢制服的，若问起日本人为什么喜欢穿制服，回答基本上是一致的，那就是：穿了相同的服装就没有了疏外感，会感觉心情很好，而且还能防止突出个人从而破坏"和"的意境，和别人一样，则不会有被"村八分"的担忧，而且还会有安心感，产生团结心。总之，不喜欢体现出"个"（指个性）来……

时装专家坂口昌章曾说过："作为日本人，穿上制服，就意味着进入角色扮演了，穿上它，适应并演好它赋予的角色，日本人这方面的倾向性是很强的。"所以说，作为日本人既然都这么配合制服了，像"悲伤制服"和"无情制服"就不应该存在。那么，"快乐制服""悲伤制服"和"无情制服"具体又指的是什么样的制服呢？

三田村蕗子把"快乐制服"定义为"穿着工作舒服，能感受到尊严，增强工作意欲，具有能为公司的宣传广告带来制服力量的制服"。比如空姐服、护士服、捏寿司的师傅穿的和式工作服以及"和果子"（点心）匠人服等都属于此类制服。与"快乐制服"相对应，"悲伤制服"则是指那些穿起来能让人产生不舒服的联想，引起悲伤回忆的制服。估计像葬仪馆之类的制服和战时那种黄褐色国民服就属于这一类吧。至于"无情制服"，大致是指如公司白领的西服、陪考妈妈的黑色制服裙等，这类制服又可称为"悲惨制服"或"可鄙制服"。

快乐制服很好理解，就像前面所举的例子一样有很多，在此就不一一赘述了。而悲伤制服除了前面提到的两种，倒还是有必要再补充几点的。日本的制服每年大约有5 000亿日元的市场规模，而其中作业服就占了60% ~ 70%的市场份额，由此可见体力劳动者市场的巨大。但就是占如此大市场份额的工作服，也因近年来日本经济不景气，导致各企业一直在缩减经费而未能逃过厄运，在"只要便宜就好""工作服嘛，只要双手双脚能伸进去就足够了"等主导思想下，与15年前相比，工作服的经费已经减掉了50%，那么，现在员工所穿的工作服从质量、设计以及舒适度上与过去相比已经降低了多少，老员工都是心知肚明的。作者认为，工作服变成今天这样就足够悲伤的了，因为企业经营者已经忽略了制服的宣传效果、鼓舞士气作用等，尤为严重的是，员工从经营者"手脚能伸进去就行了"的想法中读出的是对将来待遇、条件等的担心，如此下去，对企业的生产性，员工的积极性、自觉性都将产生负面影响。再比如一些做家庭病人、老人上门护理工作的公司，护理人员的制服不仅要考虑到本公司的宣传等因素，还必须是被护理家族和其所在公寓的人都能接受的制服式样、颜色，才能称为合格的制服，如果只是一味地考虑削减经费而忽略了制服力，那制服就只能说是悲哀的制服了。还有一些机场、搬运公司、警备公司出于劳务、安全管理而采用了附有IC电子识别功能的制服，这对公司来说当然是好事，既可以防止制服被盗用，又可以运用在一些"分给制"公司的考勤上，比如计算员工抽烟、上厕所用掉的时间然后扣除。但如此制服对于员工来说就足够悲哀了。还有为了儿童安全而在小学生校服上附加GPS定位功能等，不知设计者设计时是否考虑到这会造成儿童从小就不信任社会的心理，够悲哀了吧。

至于为什么说公司白领西服和陪考妈妈的黑色套裙是"无情制服"，这是因为这两种制服其实确切地说都属于"伪制服"，这样说是因为西服本不是公司规定要穿的制服，只是因为穿上了它就属于上班族了，没有人会对这种大家普遍穿着的洋服提出异议，大家都一样，就不会突出自己，是一种随众的心态使然，从另一个角度来说，也是一种不负责任的心态使然。陪考妈妈亦然，反正只要这样穿了，就不会有在衣着上"失仪""失分"的担心。这同样是一种逃脱责任的做法，因为它们对公司没有起到宣传的效果，也不能提升个人的自尊，反倒是无形中增加了个人的消极性，所以说它们都属于"无情制服"范畴。

综合作者对上述这3种制服的论述，可以看出，作者认为只有克服改善了"悲伤制服"和"无情制服"的缺憾之处，发扬"快乐制服"之长处，并能综合开发对公司、对个人都能加分的制服，日本的制服才能走向辉煌的未来。尤其是对于现在重视观光旅游业的日本，制服其实也是外国游客眼中日本人的一个看点，如果能考虑到观光客的看点，多设计制造出一些除去工作需要还能符合观光客视觉享受的"快乐制服"，那么作为制服大国的日本离制服天国的距离还会远吗？